60 Années de Chasse

PRATIQUE

DE LA CHASSE

ET

PRATIQUE FORESTIÈRE

PAR

J.-A. CLAMART

ANCIEN PIQUEUR

DEUXIÈME ÉDITION, CONSIDÉRABLEMENT AUGMENTÉE

PRIX : 5 FRANCS

SE VEND

CHEZ LETELLIER, LIBRAIRE

RUE NAPOLÉON, A CHARLEVILLE

1866

60 ANNÉES DE CHASSE

PRATIQUE

DE LA CHASSE

ET

PRATIQUE FORESTIÈRE

Mézières. — Typ. LELAURIN, rue Bayard.

60 Années de Chasse

PRATIQUE

DE LA CHASSE

ET

PRATIQUE FORESTIÈRE

PAR

J.-A. CLAMART

ANCIEN PIQUEUR

DEUXIÈME ÉDITION, CONSIDÉRABLEMENT AUGMENTÉE

PRIX : 5 FR.

SE VEND

CHEZ LETELLIER, LIBRAIRE

RUE NAPOLÉON, A CHARLEVILLE

P . 1866

INTRODUCTION

La première édition de cet ouvrage a été rapidement épuisée ; un grand nombre de chasseurs m'ont prié de le faire réimprimer. J'ai pensé en même temps qu'il serait agréable à certains de mes lecteurs, de connaître la meilleure exploitation des bois, c'est-à-dire le moyen de ne rien perdre, pendant leur croissance, des divers produits qu'on peut en tirer, tout en améliorant la futaie ; mon expérience de forestier s'ajoute donc à mon expérience de chasseur, quand j'explique aujourd'hui, sous le titre d'*Économie pratique forestière*, ce que j'ai reconnu de plus avantageux pour la coupe, la réserve, le taillis, l'élagage, le pâturage, ainsi que pour l'emploi des herbes qui croissent dans les jeunes taillis.

Fils d'un garde forestier, j'ai été élevé

1

dans la pratique forestière, et pendant ma longue carrière, j'employais tout le temps que me laissait l'abstention de la chasse, à la surveillance et à l'exploitation des propriétés boisées appartenant aux maîtres chez lesquels j'étais en service. J'ai l'espoir que mes conseils seront suivis avec profit par tous les propriétaires de bois; ils sont, d'ailleurs, donnés en très-peu de mots, car je ne cherche, dans mon livre, que l'utilité et non les phrases.

J'ai cru aussi devoir ajouter aux explications préliminaires, quelques souvenirs des chasses que j'ai faites depuis 1853. Je donne en même temps, d'une manière complète, mes états de service et un relevé plus exact du gibier tué par moi. — Les loups ayant l'habitude de faire leurs portées dans les mêmes cantons, j'indique les forêts qui leur conviennent, et dans lesquelles les chasseurs seront certains de rencontrer des louveteaux.

60 ANNÉES DE CHASSE

1803-1863

PREMIÈRE PARTIE.

EXPLICATIONS PRÉLIMINAIRES.

Je suis né le 13 mai 1788, à La Neuville-aux-Tourneurs, arrondissement de Rocroi (Ardennes); j'habite aujourd'hui la commune de Sommauthe, dans le même département.

Élevé au milieu des bois par mon père, garde forestier et bon chasseur; n'entendant parler autour de moi que de chasse et de gibier, comment ne serais-je pas aussi devenu chasseur? Le goût de la chasse s'est même tellement prononcé chez moi, que depuis 60 années, sans interruption, j'en fais à la fois mon plaisir et ma seule profession. Aujourd'hui encore, malgré mes 77 ans et les infirmités, résultat de bien des fatigues, mon plus ardent désir est de continuer à chasser jusqu'à mon dernier jour; quand les forces me feront défaut, je n'aurai plus à adresser au bon Dieu qu'une prière : qu'il veuille bien me rappeler à lui.

Aujourd'hui, que je suis arrivé à l'extrême vieillesse, la pensée de faire profiter les autres de ma longue expérience de la chasse, et surtout les excitations de beaucoup de personnes qui m'honorent de leur intérêt, m'enhardissent, simple piqueur que je suis, à faire connaître aux chasseurs, non des théories sur la chasse, dont ils ne se soucient guère, parce qu'ils savent qu'elles peuvent les tromper, mais seulement ce que j'ai vu par moi-même et non par les autres; en un mot, ce que j'ai observé et appris utilement pendant mes 60 années de pratique de la chasse.

Si quelqu'un a bien voulu m'aider, ce n'est que pour la rédaction; aussi je demande une confiance que je crois mériter, car lorsqu'on peut apprendre tant de choses intéressantes sur la vraie chasse, pourquoi tant d'inventions et de *blagues,* dans certains livres qui ne traitent leur sujet qu'à tort et à travers, pour ne pas dire qu'ils le tournent en dérision?

Je reconnais cependant qu'il y a des hommes sincères et sérieux qui ont écrit sur la chasse, mais, étant malheureusement amateurs plutôt que vrais praticiens, il leur est échappé beaucoup d'erreurs, notamment sur les habitudes du gibier, si essentielles à connaître quand on veut bien chasser; je n'en citerai qu'une preuve : Suivant l'auteur de la *Chasse au fusil,* il y a dans nos forêts deux espèces de chevreuils, l'une brune, l'autre rousse (page 223). Si l'auteur eut parlé au moindre

garde forestier, il eût appris que ces chevreuils
sont les mêmes, bruns en hiver, roux en été.

Je ne puis cependant me dissimuler que quelques-unes de mes opinions, et même quelques
faits par moi affirmés, pourront contrarier certains chasseurs prévenus ; qu'ils ne me croient pas
malgré eux, je ne leur demande que d'observer
seulement par eux-mêmes, comme j'ai observé ;
ils avoueront ensuite, j'en suis sûr, que je n'avais
pas tort.

En 1803, j'avais 15 ans quand mon père, à ma
grande joie, m'admit à chasser avec lui au chien
courant. L'année suivante, il me confia un fusil et
un chien de plaine, demi-griffon, nommé Arrêt. Je
me souviens comme d'hier, de ce bon chien, com-
pagnon de mes débuts dans ma vie de chasseur.
C'est avec ce chien que j'entrai, en 1806, à l'âge
de 18 ans, en qualité de chasseur, chez M. de Lalustière, colonel du génie, commandant la place de
Sedan. Pendant les quatre années que je suis resté
à son service, lorsque j'allais à la chasse aux canards sur la Meuse et la Chiers, rivières rapides,
c'était toujours en amont du canard tombé que
mon chien se jetait à l'eau ; il attendait, en nageant,
que le courant le lui eût amené. Rencontrait-il
une perdrix quand déjà il en rapportait une autre,
sans lâcher et tout en courant, il tombait ferme en
arrêt. Au passage des cailles, s'en trouvait-il plusieurs dans un champ, que de fois, sans s'occuper
en apparence de la caille qu'il m'avait vu tuer, ne
restait-il pas en arrêt sur les autres, jusqu'à ce

que j'eusse rechargé mon fusil. Il n'allait ramasser, et c'était quelquefois deux cailles à la fois, que quand il était certain qu'il n'y avait plus rien à faire lever. J'ai eu le chagrin de le perdre en 1810, lorsque je pouvais en attendre encore deux bonnes années de services; il avait été mordu par un chien enragé.

En quittant M. de Lalustière, chez lequel je me suis marié, j'ai passé deux ans, comme chasseur, chez M. Devillez-Bodson, maître de forges à Bazeilles, près Sedan.

De 1811 à 1818, chasseur chez M. le baron de Neuflize, maire de Sedan, j'ai eu un autre chien d'arrêt, nommé Médor, né d'une chienne d'arrêt, race braque, et d'un chien de cour. Médor, quoique de mauvaise origine par son père, surpassait en intelligence Arrêt lui-même. Avec lui, pendant sept ans j'ai chassé les marais, la plaine et les bois d'une grande partie du département des Ardennes, entre Sedan et Rethel. De lui-même, il ne manquait jamais de visiter à fond tous les buissons, ronces, endroits pierreux, bois que nous rencontrions; il avait bien raison, car ce n'est pas le chasseur et le chien qui courent le plus, mais le chasseur et le chien qui battent le mieux les remises qui ont le plus de gibier à trouver. Aussi, combien de perdreaux, cailles, bécasses, bécassines et lièvres ne m'a-t-il pas fait tuer! Médor était aussi très-bon limier : il forçait les gros sangliers eux-mêmes à faire ferme; chaque fois qu'il était chargé, il savait très-bien éviter le danger

par un saut leste sur le côté, après lequel il se jetait à l'instant à la fesse; et quand le sanglier
mordu se retournait pour se venger, Médor était
déjà hors de sa portée. Dès qu'il me voyait arriver à son secours, il avançait de plus près : le
sanglier courait sur lui; Médor battait en retraite
sur moi, et ensuite il m'aidait à en finir avec le
sanglier. Il m'en a fait tuer plus de 60.

Quand, à la mort de M. le baron, j'ai dû quitter
la maison, j'ai vendu Médor à M. le comte d'Herbemont, qui habitait le château de Charmois, près
Stenay (Meuse); c'est là que Médor, après de nou-
veaux et excellents services, est mort, couvert de
blessures, en laissant une grande réputation
comme chien de chasse, et en plaine et au bois.

En 1818, j'entrai comme piqueur et chasseur,
chez M. Crochart, ancien payeur général de l'armée d'Espagne, dont l'habitation de campagne
était à Thonne-les-Prés, près Montmédy (Meuse),
et je restai à son service pendant deux ans. J'eus
alors un petit chien mâtin, croisé du carlin, nommé
Raton, dont beaucoup de chasseurs encore vivants
se souviennent bien et parlent toujours avec éloge.
Raton avait un an de chasse quand il tomba entre
mes mains; mais jusque-là on n'en avait pas tiré
grand parti; j'ai parfaitement réussi à le dresser :
il allait au trait de limier, et même il perçait les
enceintes; il attaquait bravement un sanglier à la
bauge; il allait même aussi vite que lui; de temps
en temps, il le forçait à faire ferme, et alors il savait très-bien éviter les bourrades. Malgré cette

prudence, son ardeur était si grande, que plus
d'une fois je l'ai vu s'attacher à la fesse d'un gros
sanglier, et même se laisser ainsi emporter par
lui quelques pas; mais il était trop petit pour
coiffer. Non-seulement il détournait bien les loups,
mais il les attaquait résolûment, et les forçait même
à faire ferme.

Cependant, au commencement, Raton ne chas-
sait pas longtemps. Quand je voyais qu'il en avait
assez, je le remettais au trait; ensuite, je prenais
le grand devant du sanglier et je rattaquais. Alors
Raton, reposé, reprenait toute son ardeur. Plus
tard, il a fini par chasser toute la journée. Avec
lui, un sanglier tué n'était jamais perdu : si j'étais
à une certaine distance, posé sur la bête il m'ap-
pelait, et je savais ce qu'il voulait me dire. Il serait
plutôt resté vingt-quatre heures sans bouger.

De tous les limiers que j'ai eus, Raton a été le
meilleur; il ne lui manquait que la parole. Il a
bien, en sa vie, attaqué 1,000 sangliers, dont 200
peut-être ont été tués.

En 1820, je suis entré, avec Raton, chez M. le
comte d'Herbemont, dont j'ai déjà parlé. Raton
m'y a servi à dresser quatre mâtins. C'était plaisir
de voir ces grands chiens avoir pour le petit Raton
tous les égards dus à un maître. L'un de ces élèves,
Pataud, que je tenais d'un gardeur de vaches,
attaquait aussi très-bien les sangliers qu'il parve-
nait même à coiffer; il forçait les louvarts, les uns
après les autres, à faire ferme; quand il me voyait
accourir, il ne manquait pas de se jeter à l'oreille

sans lâcher, ce qui me permettait de les tuer facilement avec mon couteau de chasse.

A propos de Pataud, je citerai une chasse faite
dans la grande forêt de Saint-Agobert, près Stenay.
Outre M. le comte, mon maître, il s'y trouvait
plusieurs chasseurs de Montmédy, parmi lesquels,
M. Roussel, receveur particulier des finances, et
M. Petitjean, notaire : j'avais détourné une portée
de louveteaux déjà forts; Pataud les prit et les
étrangla tous, les uns après les autres. La louve fut
tuée à côté d'eux par M. Petitjean, au moment où
elle se jetait sur Pataud pour venger ses petits.

Il serait impossible de narrer le quart des chasses
faites par moi à cette époque, au bois, en plaine
et au marais. Je chassais les bêtes de compagnie
avec les chiens courants, et les gros sangliers avec
les mâtins. Si peu qu'on blessât un sanglier, il
était arrêté par Raton ou par Pataud, et bientôt
tué; mais par contre, bien souvent la voiture sur
laquelle on avait chargé les sangliers tués, ramenait aussi tous les chiens blessés. — Je me souviens
toujours avec grand plaisir de ces belles années
de mes chasses, surtout dans la forêt de Saint-
Agobert, alors si peuplée de sangliers. Quelquefois
aussi nous chassions plus loin, par exemple dans
la forêt de Hesse, près Varennes (Meuse), avec
M. d'Ervillé, très-habile tireur, aujourd'hui receveur particulier des finances à Verdun (Meuse).
Nous chassions aussi aux environs de Damvillers
(Meuse), avec M. de Wissel, bon chasseur aussi.

M. le comte d'Herbemont se maria le 10 avril

1827, avec Mlle Caroline Bérenger, et partit quelques jours auparavant pour Paris, en me donnant
l'ordre de réunir les chasseurs qui venaient d'habitude avec nous attaquer les sangliers. La forêt
de Saint-Agobert ne renfermait plus alors que
deux bêtes de compagnie et un gros sanglier. Je
fis la brisée d'attaque le premier jour avec Raton,
et j'attaquai immédiatement avec les mâtins. Le
sanglier tiré au débûché de l'enceinte ne fut pas
atteint. Le lendemain, seconde brisée d'attaque et
même résultat négatif que la veille. Le troisième
jour, le sanglier débûche de l'enceinte sans être
tiré, et après deux heures de chasse, fait ferme
aux mâtins dans le bois de Loupy, où je l'ai tué.

Nous prîmes rendez-vous au lendemain pour
chasser le chevreuil au chien courant, et ce quatrième jour, deux brocards furent abattus. Le cinquième jour, nous chassâmes au chien d'arrêt :
cinq bécasses furent tuées ainsi qu'un chevreuil
qui se dérobait. Le sixième jour, M. Bérenger et
moi nous tuâmes vingt bécassines et une marcanette. Le septième, nos chasseurs d'habitude,
réunis à quelques invités de Stenay et moi, nous
fîmes une battue aux lièvres et aux bécasses dans
le bois de Douquenay, appartenant à M. d'Herbemont. Quatorze lièvres restèrent sur la place, mais
les bécasses furent manquées ; j'en tuai une seule
vers le soir, dans la dernière enceinte, à la lisière
du bois où j'étais posté.

Nous eûmes chasse complète, car en sept jours
nous avions abattu un sanglier, trois chevreuils,

quatorze lièvres, six bécasses, vingt bécassines et une marcanette.

Dans le courant de la même année 1827, j'ai quitté M. le comte d'Herbemont pour entrer chez M. le comte de Broyes, à Jandun, près Mézières, comme piqueur et chasseur. Nous avions douze bons chiens courants et deux mâtins, Picard et Brissac, sur lesquels on pouvait compter. Il y avait alors de très-bons chasseurs, auxquels nous nous réunissions souvent pour organiser de très-belles chasses au gros gibier, notamment dans la forêt Mazarin et dans celles des environs de Fumay et de Signy-l'Abbaye (Ardennes).

Je citerai M. Lescuyer, membre du conseil général des Ardennes, et surtout M. Benaumont, de Mézières, qui était bien le meilleur chasseur et aussi le meilleur piqueur que j'aie jamais rencontré. En deux chasses, très-rapprochées l'une de l'autre, nous avons tué alors, à l'aide des chiens courants et des mâtins, neuf sangliers dans les forêts du Mont-Dieu et Mazarin, et aussi, en un seul jour, quatre loups, au bois de Thin-le-Moûtier (Ardennes); j'ai eu ma bonne part dans ces destructions.

J'ai chassé, non-seulement dans les départements des Ardennes et de la Meuse, mais encore dans ceux de la Marne, de la Seine-Inférieure, de l'Allier, de l'Aisne, de la Manche et de la Moselle, où j'aime à penser qu'il y a encore quelques chasseurs qui ne m'ont pas tout-à-fait oublié.

Dans le département de la Marne, aux environs

de Sainte-Menehould, j'ai détruit tout ce qu'il y avait alors de sangliers et de loups dans les forêts.

En mars 1830, sur la demande de M. le sous-préfet Bequet, de cet arrondissement, j'avais détourné dans les bois d'Ozy, près de Vienne-la-Ville, trois loups qui ravageaient le pays; deux furent tués à l'enceinte, le troisième, blessé, fut chassé par douze chiens courants, et pris dans la rivière d'Aisne, près du village de la Neuville-au-Pont. Parmi ces chiens courants, je citerai Matador et Renfort, l'un et l'autre, de grande taille, qui chassaient toute la nuit quand je n'avais pu les reprendre. Le lendemain matin, retourné à la forêt avec les autres chiens, je ralliais à la voix de Matador, chien de tête, et je reprenais la chasse; mais souvent, à mon arrivée, Matador et Renfort avaient déjà mangé un chevreuil forcé par eux dans la nuit.

Je quittai, en 1832, M. le comte de Broyes pour suivre M. le général de division comte Piré, qui m'avait rencontré pendant sa tournée d'inspection dans les Ardennes. J'ai chassé, à pied et à cheval, loups et sangliers, en grand nombre dans le domaine d'Orvalée, près Moulins (Allier), et aux environs. J'avais pour voisins de chasse, MM. des Blaux et de Turchy, bons chasseurs du pays, qui avaient chacun leur équipage de chasse. Chaque fois qu'ils avaient connaissance de loups ou de sangliers, ces messieurs s'adjoignaient MM. de Jolivette et de Vaux, autres bons chasseurs qui habitaient Moulins, et moi. Les loups et les sangliers étaient toujours tués ou forcés.

Comme piqueur, j'ai souvent alors passé à cheval, l'Allier et même la Loire, dont les lits sont, en automne, plus larges que profonds. La terre d'Orvalée avait quatre lieues de tour; elle était admirable pour la chasse aux perdrix grises et rouges, aux bécasses et aux bécassines. J'ai eu alors l'occasion de remarquer que dans les pays couverts de bruyères, de genêts et d'ajoncs, comme celui dont je parle, le chien d'arrêt anglais fait un meilleur service que le chien français; ainsi Carreau, mon chien de race anglaise, arrêtait sûrement les perdrix rouges dans les bruyères, à cent pas de distance, tandis que mon autre chien de race française, aussi bon que lui sur tout autre terrain, n'y arrivait pas.

Je quittai le département de l'Allier en 1836, pour rentrer dans celui des Ardennes. M. Gendarme, maître de forges à Vrignes-aux-Bois, près Sedan, me prit alors à son service comme chasseur; je restai chez lui pendant deux ans.

En 1838, je suis entré comme piqueur et chasseur chez M. de Boullenois, membre du conseil général des Ardennes, demeurant à Senuc. Je lui ai formé des piqueurs et dressé des limiers et des chiens de toute espèce. Pendant la seule année que j'ai d'abord passée à son service, nous avons tué quatorze sangliers. Il avait acheté de mon frère, garde forestier à Signy-l'Abbaye, un chien de race boule-dogue métis, nommé Turc, qui nous a aidé à dresser des mâtins; il coiffait très-bien les sangliers.

A l'expiration de la seule année pour laquelle j'étais engagé par M. de Boullenois, j'allai, en 1839, comme piqueur et chasseur, chez M. le comte Edmond d'Imécourt, au château de Loupy (Meuse); néanmoins, depuis cette époque, je suis toujours venu, quand je l'ai pu, aider en qualité de piqueur à volonté, M. de Boullenois dans ses chasses.

M. le comte E. d'Imécourt n'avait jamais chassé; il se monta un équipage de chiens normands, qui ne chassaient que le loup et le sanglier; il avait cependant quelques autres chiens pour le lièvre et le chevreuil, et en outre deux bons mâtins pour le gros sanglier, Mastoc et Turc, un autre Turc que celui dont je viens de parler. Les deux mâtins ont fait tuer une grande quantité de sangliers dans la forêt de Saint-Agobert; mais devant les gros sangliers, les chiens normands de l'équipage n'étaient pas fermes; je n'avais à compter alors que sur Miraud, chien de tête; encore était-il Ardennais. Nous avons aussi détruit plusieurs portées de louveteaux, des louvarts et des vieux loups.

J'entrai en 1844, comme piqueur et chasseur, au service de M. Auguste Gérard de Melcy, maître de forges à Chéhéry, commune de Châtel (Ardennes), où je restai pendant deux ans.

En 1846, je cessai de prendre des engagements qui me retenaient forcément au service de la même personne; mais je passai alors en qualité de chasseur à volonté, trois ans chez M. Allaire, juge de paix aux Francs-Fossés, près Bouconville, et quatre années chez M. Gobron, propriétaire à Buzancy.

En 1852 je devins, pendant une année, chasseur et piqueur de M. Rœderer, riche propriétaire de la ville de Reims, et je lui dressai des mâtins dont nous nous servîmes avantageusement dans la forêt de Montchenot, pour la destruction des sangliers.

A partir de 1853 et jusqu'en 1863, j'ai été chasseur à volonté, d'abord chez M. de Boullenois, l'un de mes anciens maîtres, et enfin chez M. le baron de Ladoucette, à Viels-Maisons (Aisne), que j'ai quitté pour aller soigner ma femme, Marie-Anne Conquérant, qui est morte après une longue et douloureuse maladie.

Voici la récapitulation de mes années de services :

En 1806 chez M. de Lalustière ; chasseur	4	ans
En 1809 — M. Devillez-Bodson ; chasseur	2	
En 1811 — M. le baron Poupart, de Neuflize ; chasseur	7	
En 1818 — M. Crochart ; chasseur et piqueur	2	
En 1820 — M. le comte d'Herbemont ; chasseur et piqueur	8	
En 1827 — M. le comte de Broyes ; chasseur et piqueur	4	
En 1832 — M. le comte Piré ; chasseur et piq^r	5	
En 1836 — M. Gendarme ; chasseur	2	
En 1838 — M. de Boullenois ; chasseur et piq^r	1	
En 1839 — M. le comte d'Imécourt ; chasseur et piqueur	5	
En 1844 — M. Gérard de Melcy ; chass^r et piq^r	2	
En 1846 — M. Allaire ; chasseur à volonté	3	
En 1849 — M. Gobron ; chasseur à volonté	4	
En 1853 — M. Rœderer ; chasseur et piqueur	1	
En 1854 — M. de Boullenois ; chasseur et piq^r	5	
En 1859 — M. le baron de Ladoucette ; chasseur à volonté	4	
TOTAL	59	ans

Pendant ma longüe carrière de chasseur et piqueur, le nombre des pièces de gibier que j'ai
tuées ou fait tuer est presqu'incroyable; je crois
devoir, cependant, en donner un état approxi-
matif, en ayant toujours tenu un compte à peu
près exact.

Sangliers tués par moi ou que j'ai fait tuer.	650	
Loups et louveteaux, id..............	420	
Renards et animaux nuisibles, id......	1,270	2,570
Chevreuils, id.....................	250	
Bécasses tuées par moi.............	4,500	
Bécassines et râles, id..............	18,630	
Oies, canards, marcanettes, sarcelles et		
autres oiseaux aquatiques, id.......	4,220	48,430
Lièvres et lapins, id................	4,220	
Perdreaux et perdrix, id............	8,460	
Cailles et râles de guérêts, id........	8,400	

TOTAL.......... 51,000

J'ai tué, pour ma part, trois cents sangliers en
faisant sur eux huit coups doubles.

On peut apprécier, du reste, l'exactitude des
chiffres que je donne, par la quantité de poudre
que je consommais; ainsi, chez **M.** le baron de
Neuflize et chez **M.** le comte d'Herbemont, c'était
jusqu'à 7 et 8 kilogrammes par année.

C'est avec le même fusil, calibre 24, que j'ai tué
tout cela; je l'ai depuis soixante-deux ans, et je
compte bien ne jamais m'en séparer, tout vieux
et modeste qu'il soit.

Avant de passer à la deuxième partie de mon
ouvrage, sans parler de mes premières chasses en

plaine, soit chez mon père, en compagnie de
MM. Piette, soit chez M. le baron Poupart, de
Neuflize, quand je tuais jusqu'à cinquante perdreaux dans la même journée, je demande la per-
mission de raconter quelques-unes de mes très-
nombreuses chasses à la grosse bête.

Un gros sanglier, venu des bois du côté de Montmédy, était arrivé à la forêt de Saint-Agobert; à
cette nouvelle, le piqueur de M. d'Herbemont,
plusieurs chasseurs des environs et moi, nous nous
mîmes à sa recherche, et bientôt avec Mastoc, Turc
et les deux mâtins de M. d'Herbemont, nous l'at-
taquions en forêt. Le sanglier, les quatre mâtins à
sa suite, passe au bois de Jametz, et de là à la forêt
de Mangiennes; la nuit tombe, les chasseurs perdent la chasse et je reprends les mâtins. Le lendemain, je retrouve dans un bois près de Billy le
sanglier qui avait quitté pendant la nuit la forêt
de Mangiennes; en conséquence, je poste les
tireurs sur la plaine, et j'attaque avec les quatre
mâtins. Au bout de deux heures de chasse, le sanglier revient avec eux, et il est tué d'un seul coup
par M. Verdun de Billy. C'était un solitaire de
sept ans, que je connaissais de longue date; il était
jaune marbré de noir, avec très-forte crinière. De
ma vie je n'ai vu un plus gros sanglier; il pesait
réellement deux cents kilogrammes.

Un autre jour, les chasseurs de Stenay, MM. Bour-
geois, Bridier, de Pellepore et autres, me deman-
dèrent de venir les aider à détruire une troupe de
sangliers qui, se tenant depuis deux ans dans les

bois d'Inor, ravageaient les environs. Les tireurs
étant postés sur la ligne du bois, j'attaque le plus
gros des sangliers ; M. Ed. d'Imécourt, qui était
avec moi, le tire et le blesse fortement ; le dernier
tireur, M. Darbour, d'Inor, l'achève, mais Mastoc,
qui s'était jeté sur le sanglier mourant, est griè-
vement blessé. Le lendemain, je détourne la troupe ;
les chiens courants l'attaquent, et nous tuons deux
bêtes de compagnie ; les autres débûchent à la
forêt de Saint-Agobert et à celle de Belval, où
nous les avons aussi détruites un peu plus tard.

Dans une autre occasion, j'étais seul dans la forêt
de Saint-Agobert ; j'attaque avec les chiens courants un sanglier que je blesse, et qui, au bout
d'une heure de chasse, débûche du côté du château de Loupy et se rend au bois de Saint-Laurent.
Il était tard, je fais ma brisée et je reprends mes
chiens, à huit heures du soir, à la clarté de la lune.
Un seul chien, Bravo, reste ; il passe la nuit à
aboyer au sanglier à la bauge ; le lendemain, de
bon matin, reprenant Mastoc et Turc, je retourne
à la brisée ; chemin faisant, je rencontre Bravo
qui revenait blessé ; à la brisée, je découple les
deux mâtins, qui vont retrouver le sanglier à la
bauge, dans les bois de Pillon, où je l'achève.

Une autre fois, j'avais remis une troupe de sangliers à la forêt de Mangiennes ; dix chasseurs,
parmi lesquels MM. Rousseaux, de Quincy, et
Paulin Barbier, son beau-frère, se joignent à moi
pour les chasser : j'avais mes deux mâtins ; M. Barbier avait ses chiens courants ; je place six tireurs

autour de l'enceinte et les quatre autres au grand devant; les mâtins attaquent, mais les chiens courants, au lieu de les seconder, se mettent après un lièvre. Les mâtins amènent à M. Barbier, placé en première ligne, un gros sanglier qu'il ne tire pas, par crainte, a-t-il dit, de blesser les chiens. Sachant que le reste de la troupe n'avait pas quitté l'enceinte, je crie aux chasseurs de rester à leur poste; les sangliers sortent de l'enceinte, et l'un d'eux est tué. Le coup de fusil fait accourir mes mâtins, ainsi que Faraud, chien courant de M. Rousseaux, qui seul les avait suivis; je les remets sur la troupe dérobée, et après une demi-heure de chasse les sangliers font ferme; j'accours, et de mes deux coups j'en tue deux de cent cinquante chacun, et j'en blesse même un troisième qui, faisant ferme plus loin, est tué par M. Barbier. Le lendemain, la terre était couverte de neige; les sangliers, ralliés pendant la nuit, s'étaient retirés dans un marais. D'après mon avis, M. Barbier avait ramené ses chiens courants, malgré leur refus de chasser la veille; je découple à la brisée tous les chiens, mâtins et chiens courants réunis; dès l'attaque, les sangliers font ferme; je tire mes deux coups sur l'un d'eux, qui va tomber à cent pas; deux chiens se jettent sur lui, les autres suivent le reste de la troupe; pendant que je saignais celui que j'avais blessé, j'entends Picard, mon limier, qui venait d'en coiffer un autre dans le marais, à trois cents pas de moi. Conservant à la main le couteau dont je venais de faire usage, je cours au

second sanglier, et, passant derrière lui, je le
saigne à son tour. Cette opération terminée, je
recouple Picard et les deux autres chiens; en chemin, je rencontre un de nos chasseurs qui m'apprend qu'il se fait deux chasses, et qu'on vient de
tirer devant les chiens. En effet, j'entends un
instant après l'une de ces deux chasses qui arrive
sur moi. Je fais porter mes trois chiens à la voix,
et une heure plus tard je tue le sanglier; c'était
mon cinquième dans cette chasse. Les chasseurs
arrivés à l'hallali, me disent qu'ils ont vu deux
autres sangliers se dérober, et me demandent de
découpler les chiens après eux ; je leur réponds :
« Messieurs, nous avons déjà huit sangliers, c'est
« bien raisonnable comme cela, n'abusons pas :
« mes chiens chassent depuis deux jours, il se fait
« tard, et j'ai encore vingt lieues à faire pour ren-
« trer chez mon maître; si je fais une nouvelle
« attaque, mes chiens vont chasser toute la nuit ;
« vous verrez qu'ils ne se retrouveront pas tous. »
Néanmoins, par déférence, mais avec regret, j'ac-
cède à leur désir. Les chiens attaquent donc ces
deux sangliers, qui, à la nuit tombante, sont tirés
et manqués ; deux chasses se font encore une fois,
mes mâtins passent avec l'un des sangliers; je les
suis sans pouvoir les reprendre avant dix heures
du soir; l'autre sanglier, poussé par les chiens
courants, Faraud en tête, s'élance dans l'étang du
haut-fourneau, où il s'engage dans les glaces;
Faraud seul l'y a suivi. M. Burette, maître de
forges, voit qu'il va périr, et se hâte de prendre

une barque pour essayer de le sauver; mais, à son arrivée, Faraud et le sanglier étaient déjà noyés. Faraud était un chien propre à tout, que son maître a bien regretté.

Depuis ce jour-là, j'ai encore chassé plusieurs fois avec M. Barbier; mais il ne laissait plus passer les sangliers à quinze pas sans les tirer, et même les tuer aussi bien que moi; je l'ai vu une fois faire coup double sur eux.

Plus tard, j'avais accompagné chez M. de Boullenois, à Senuc, M. le comte d'Imécourt et M. le comte d'Herbemont; j'amenais Mastoc, auquel on avait joint quatre autres mâtins, sans compter dix chiens courants de M. de Boullenois. J'avais détourné une troupe de sangliers près de la ferme de la Besogne, et les tireurs postés à l'enceinte, j'attaquai avec le seul Mastoc en découplant seulement après l'attaque les quatre autres mâtins; les sangliers, au nombre de huit ou dix, débûchent de l'enceinte; M. d'Herbemont en tue un. Je lance les chiens courants sur un autre qui se dérobait, et un instant après, entendant leur chasse sur une hauteur, je sonne la vue pour rappeler les mâtins que je savais auprès du sanglier tué; ils arrivent promptement à moi; je leur donne des écoutes, qui les font rallier les chiens courants et conduire tous ensemble le sanglier au bois de Châtel, où je le tue.

A Loupy et aux environs, nous ne chassions pas seulement la grosse bête. Je vais citer une particularité qui prouvera quelle quantité de gibier de passage, sans compter celui de plaine, nous rencontrions dans ce temps-là. M. le comte de Sainte-Aldegonde était venu de Paris à Loupy, chez M. Edmond d'Imécourt, son parent, uniquement pour tenir le pari de chasser les bécasses et les bécassines pendant tout le mois de mars, le matin et le soir, sans manquer un seul jour; il gagna ce pari. Je l'accompagnai continuellement; nous chassions sur le même chien d'arrêt, Perdreau, de race épagneule, dressé par moi. Nous tuâmes alors une énorme quantité de bécasses et de bécassines.

Pendant l'une de ces chasses, j'avais reconnu au milieu des marais, près de Jametz, une troupe de sangliers qui venait de la forêt de Mangiennes en se dirigeant sur celle de Saint-Agobert. Le lendemain, ils étaient détournés et attaqués avec douze chiens courants; tirés au débûché et manqués, ils rentrent en forêt après une chasse de deux heures, et se présentent de nouveau au même débûché, où un garde, Martin Valeur, fait son début sur les sangliers en en tuant un de chaque coup.

Je terminerai rapidement le récit de mes dernières chasses. M. de Beffroy, maire de Remilly-les-Pothées, lieutenant de louveterie demeurant à Hardoncelles, que j'avais vu à Senuc chez M. de Boullenois, et à Belval chez M. Mathys, me fit passer chez lui la saison de chasse de 1856, pendant laquelle je lui élevai une meute de vingt-cinq à trente chiens-loups de grande taille, que je faisais battre avec un sanglier que M. de Boullenois lui avait donné et qu'il possède encore aujourd'hui.

Nous fûmes longtemps, malgré cet exercice simulé, sans pouvoir mettre les chiens en chasse, et après plusieurs attaques sans résultat, qui se répétèrent à différents intervalles.

Le garde Xavier, aujourd'hui piqueur de M. de Beffroy, tua un gros sanglier dans la grande forêt de Signy-l'Abbaye; depuis ce jour, les chiens se mirent résolûment en chasse.

M. de Beffroy et ses piqueurs font de bonnes brisées, les chiens découplés sur ces brisées rapprochent et ne prennent jamais le change; les pieds de sangliers cloués au-dessus du chenil sont au nombre de plus de cent.

Après la prise de Sébastopol, M. le général d'Autemarre vint passer un hiver au château de madame sa mère, à Cheppy, près Varennes (Meuse); j'ai placé chez lui, comme piqueur et chasseur, Théophile Legros, mon dernier élève, qui peut aujourd'hui me remplacer. Nous avons tué, durant ce seul hiver, douze sangliers avec nos deux limiers, et pour ma part j'ai dû tirer et tuer au ferme un gros sanglier. Depuis lors, jusqu'en 1863, Théophile Legros a fait tuer jusqu'à quarante sangliers dans une seule saison de chasse; il ne lui reste plus souvent qu'un ou deux chiens d'attaque à la fin de la campagne.

En 1859, M. le baron de Ladoucette, membre du Corps législatif, engagea M. de Boullenois à venir faire une chasse dans sa forêt de Viels-Maisons (Aisne), pour la destruction des sangliers. M. de Boullenois me demanda de l'accompagner avec

Rosière et Théophile Legros, piqueurs de M. le général d'Autemarre, tous deux mes élèves. La veille de la chasse, nous fimes la reconnaissance de deux troupes de bêtes de compagnie et d'un gros sanglier qui venait souvent les visiter. Le lendemain, l'une des troupes est détournée et attaquée; trois sangliers sont tués à l'enceinte, et un quatrième, blessé, l'est au bout de quelques heures de chasse devant les chiens. Le jour suivant, la seconde troupe et le reste de la première avaient changé de forêt, en se ralliant au gros sanglier; j'ai laissé Rosière sur le devant de la forêt où nous avions chassé, et, prenant avec moi Théophile, nous découvrîmes que le gros sanglier ramenait la troupe à la forêt où elle avait été chassée et en suivant à trait de limier. A midi, le gros sanglier s'était fait donner la brisée par Rosière, et de notre côté nous avons fait la brisée de la troupe et l'avons attaquée; un sanglier a été tué.

M. de Boullenois avait laissé des chiens en relais, ce qui permit d'attaquer sur la brisée de Rosière; le gros sanglier blessa un des meilleurs chiens et fut néanmoins tué à l'attaque de ce chien par Théophile.

Presque tous les chasseurs étaient des amateurs de Paris, invités par M. le baron de Ladoucette; ils retournèrent dans la capitale après avoir tué six sangliers en deux jours.

M. le baron nous donna quarante-huit heures pour prendre la refuite des sangliers; ceux-ci s'étaient ralliés dans une forêt voisine avec un autre gros sanglier. Nous les avons attaqués le troisième jour; deux sangliers furent tués, dont un par M. le colonel de Bos. Le gros sanglier se dirigea sur la forêt de Montchenot, en quittant le pays. Nous avons alors réuni nos chiens pour retourner chez M. de Boullenois, dont le limier blessé nous a fait, après sa guérison, tuer encore des sangliers pendant deux ans.

L'année suivante, M. le baron de Ladoucette me prit à son service comme chasseur à volonté, et pendant quatre ans, j'ai enseigné les principes de la chasse au chien d'arrêt, à M. Etienne de Ladoucette fils, qui tuait fort bien perdreaux, bécasses et bécassines à l'arrêt de Tac, chien de race anglaise, qui possédait toutes les qualités qui font le bon chien d'arrêt.

Je quittai le château de Clémery, près Pont-à-Mousson (Meurthe), où M. de Ladoucette fils avait passé ses vacances, pour me rendre à Viels-Maisons, où j'employai tous mes soins à former quelques bons chiens pour la chasse du sanglier. J'ai dressé un mâtin, Turc, et un Ardennais, Mascareau; ce dernier est devenu bon limier et bon chien d'attaque, et avec six autres chiens, je me suis vu en mesure de chasser le sanglier et le chevreuil.

Le jour de la première chasse que M. le baron me fit faire à Viels-Maisons, il avait invité les chasseurs de l'endroit; je détournai une troupe de sangliers à la petite forêt, et un gros sanglier à côté de l'enceinte où était cette troupe. J'attaque le gros sanglier qui, tiré et blessé fortement à l'enceinte, prend la plaine. Turc, mon mâtin, le tenait au ferme : les chasseurs qui l'avaient tiré avaient de l'avance sur moi, mais ne pouvaient parvenir à l'approcher. Turc, quoique seul, se jeta sur lui et resta sur place, frappé d'un coup de boutoir. J'attaquai ensuite avec Mascareau, la troupe dont un sanglier fut tué.

Pendant la même année, M. de Boullenois, Rosière son piqueur et moi, nous avons attaqué une nouvelle troupe dans la forêt de Viels-Maisons, dont un sanglier a été tué à l'enceinte par M. de Plancy, beau-frère de M. le baron de Ladoucette, et un autre devant les chiens, après quelques heures de chasse. Le lendemain, Rosière et moi nous détournâmes une nouvelle troupe dans une garenne ; une grosse laie, attaquée par les chiens de M. de Boullenois, fut tuée à l'enceinte, tandis que la bête de compagnie qu'ils chassaient en même temps gagnait la forêt.

L'année suivante, les glands manquèrent, et les sangliers quittaient la forêt pour ravager en plaine les champs de pommes de terre. Je parvins néanmoins à détourner un jour un sanglier ; faisant ma brisée de tout près, j'arrive sur lui et le blesse par derrière. Mascareau le chasse à vue longtemps, mais les jambes me manquent, et le sanglier prend la plaine pour gagner une forêt du côté d'Épernay, avant que je puisse arriver jusqu'à lui. Le lendemain, je prends Mascareau au trait ; il se rabat sur la bête que je suis longtemps à trait de limier ; les jambes me font défaut encore une fois, et je suis forcé d'abandonner la voie sans arriver à détourner. Autrefois, les choses se seraient passées autrement, j'aurais fait ma brisée et rapporté le sanglier; plusieurs fois je chassais la même bête trois jours de suite.

Pendant les derniers temps que j'ai passés chez M. le baron de Ladoucette, j'ai remis les trois seules bêtes de compagnie qui restaient dans la forêt de Viels-Maisons; attaquées à ma brisée par Mascareau, les autres chiens ne tardèrent pas à le suivre et se divisèrent en deux chasses. J'ai tué la seule bête de compagnie de l'une de ces chasses, mais il me fut impossible de rejoindre la seconde; décidément la vieillesse arrive, l'heure de la retraite ne tardera pas longtemps à sonner pour moi.

J'avais appris que Marie-Anne Conquérant, ma femme chérie, était gravement malade dans mon domicile à Sommauthe; je me hâtai donc d'aller l'y rejoindre, et après une longue et cruelle maladie de deux ans, j'ai eu la douleur de la perdre, après 57 ans de la plus heureuse union. Sans ce malheur affreux pour moi, je serais resté piqueur jusqu'aujourd'hui, que je suis entré dans ma 78e année.

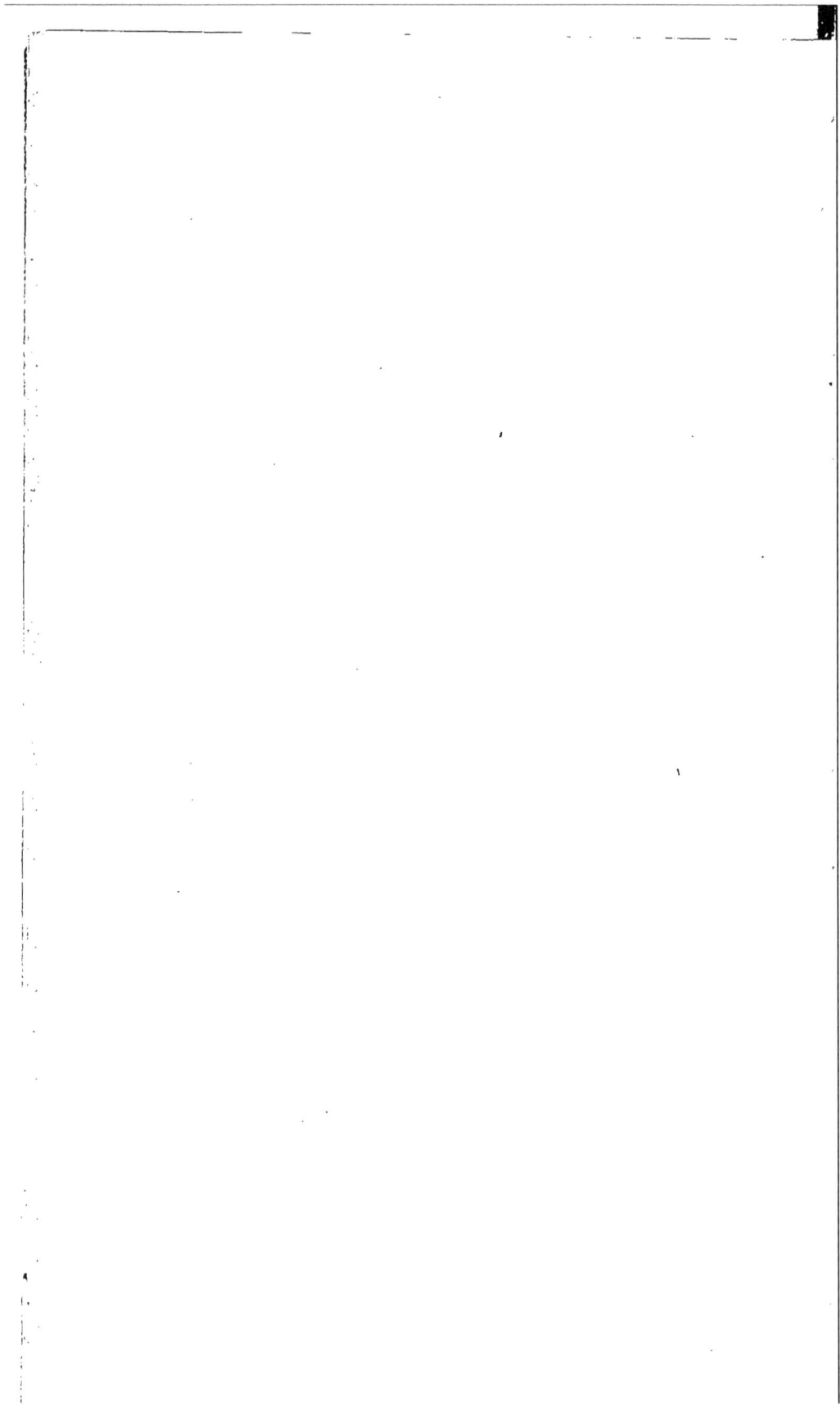

DEUXIÈME PARTIE.

THÉORIE ET PRATIQUE DES CHASSES DIVERSES,
HABITUDES DU GIBIER, SES RUSES, ETC.

PRINCIPES GÉNÉRAUX DE LA CHASSE.

Pour chasser avec succès, tant en plaine qu'au
bois, il est indispensable de connaître essentiellement plusieurs choses : les lieux, les saisons, la
température, les jours, et même les heures qui
conviennent le mieux à la chasse, et surtout à
chaque chasse en particulier; les habitudes, les
allures, les ruses du gibier, qui sont différentes
chez chaque espèce; la justesse et le calcul du tir;
si à tout cela on ajoute un bon fusil, de bons chiens,
un bon jarret, un bon coup-d'œil, de la patience
et du zèle, on est parfait chasseur. Mais combien
de gens parlent de la chasse, et s'y livrent avec
plus ou moins d'ardeur, sans être pour cela de
véritables chasseurs par principes! Il y a peu de
ces derniers; les autres ne sont que des chasseurs
amateurs plus ou moins adroits.

Avant de se mettre en chasse, il faut observer le
temps qu'il fait, et même celui qu'il fera proba-

blement dans le courant de la journée. Tombe-
t-il, par exemple, de la pluie, ou doit-il en tomber,
on sait qu'on trouvera le gibier dans les lieux les
plus secs; gèle-t-il ou neige-t-il, il sera abrité
dans les bois, buissons et autres endroits fourrés,
exposés au midi; fait-il chaud, il sera remis dans
les endroits frais et humides, tels que les bois bas,
les prés, les marais.

Le temps le plus favorable à la chasse, surtout
avec des chiens courants, est le temps couvert
avec un vent doux; alors, le gibier levé s'éloigne
peu, et chasseurs et chiens se fatiguent moins; un
grand vent est au contraire très-nuisible, car il
inquiète le gibier et en rend l'approche fort difficile. Le vent du nord, favorable à la chasse en été,
lui est contraire en hiver, tandis que c'est l'opposé
pour le vent du midi. Les meilleurs vents pour la
chasse sont ceux d'est, d'ouest et de sud-ouest.

Aussi toutes les fois qu'on doit chasser, soit en
plaine, soit au bois, est-il indispensable de bien
consulter le vent et de s'y conformer, tant pour
donner aux chiens plus de facilité pour rencontrer
et suivre le gibier, que pour dérober au gibier, du
moins autant que possible, le sentiment du chasseur et des chiens.

La chasse du matin est en général la meilleure,
parce que le gibier a tracé pendant la nuit; il est
cependant nécessaire d'attendre que la rosée soit
essuyée, parce qu'elle ôte au chien le sentiment
du gibier; il faut, pour la même cause, suspendre

la chasse pendant le fort de la chaleur, surtout avec des chiens courants.

Les vraies saisons de la chasse sont l'automne et l'hiver ; il n'y a, fin de l'été et commencement du printemps, que la chasse aux marais et sur les étangs.

Les habitudes, les allures, les ruses propres à chaque espèce de gibier, ne sont bien connues que par la pratique ; plus loin, en décrivant leurs différentes chasses, j'en dirai quelque chose.

Quant à la manière de mettre en joue, elle est particulière à chacun, et tient principalement à la longueur des bras. L'ajustement dépend de la précision du coup-d'œil, de la réflexion, du coup de doigt et surtout de la pratique. Un point essentiel, c'est que l'œil gauche soit fermé avant de mettre le fusil à l'épaule, et jamais après qu'il y est placé ; beaucoup de chasseurs ne manquent que pour n'avoir pas pris cette précaution fondamentale ; qu'ils fassent usage de mon conseil, ils en reconnaîtront l'efficacité.

La manière d'ajuster se règle aussi suivant la direction du gibier, selon qu'il est en repos, qu'il fuit devant le chasseur, qu'il vient à lui ou traverse devant lui ; dans ces trois derniers cas, on ne vise juste qu'en suivant sur la couche de son fusil, le gibier dans sa marche, pour faire feu sans s'arrêter, si peu que ce soit ; car autrement le gibier, qui a continué son mouvement, a dépassé la ligne de mire et se trouve par cela même manqué. Il faut de plus quelquefois, en ajustant, devancer plus ou moins le gibier, en calculant la vitesse de son vol ou de sa course, surtout à grande distance.

Il est utile aussi que le chasseur connaisse bien les qualités et les défauts de son fusil, pour qu'il puisse en tirer le meilleur parti possible.

Enfin, il doit prendre en considération la grosseur du plomb dont son fusil est chargé, par rapport à la nature du gibier qu'il a à tirer, ainsi qu'à la distance où il se trouve de ce gibier. Pour le gibier à plume, la bonne portée est de trente à cinquante pas; pour le gibier à poil, de trente à quarante avec du plomb, et de quarante à cent avec des balles. Plus la distance est grande, plus il faut ajuster haut et en avant. Si on tire une pièce de gibier sur l'eau, il faut que le dessous de son corps soit au niveau du point de mire.

Voici les projectiles dont je fais usage : pour les sangliers, les balles; pour les marcassins, les loups et les louvarts, le plomb triple zéro; pour les renards, blaireaux et chevreuils, le n° 4; pour le lièvre en hiver, le n° 5; pour le lièvre en été et les lapins, le n° 6; pour les perdreaux, au commencement de la chasse, le n° 8; pour les perdrix, le n° 7; pour les cailles et bécassines, le n° 9; pour les bécasses, le n° 8; pour les canards, le n° 5; pour les halbrans et sarcelles, le n° 6.

CHAPITRE Ier.

DES AGENTS DE LA CHASSE.

———

ARTICLE Ier.

LE CHASSEUR.

———

Le braconnier ne pense qu'à détruire, parce que la chasse n'est pour lui qu'un plaisir dérobé et dangereux; le vrai chasseur, qui se sent de la sécurité et du temps devant lui, sait concilier son plaisir avec la conservation du gibier. Il usera donc sans abuser, et non-seulement il s'abstiendra de chasser pendant le temps de la prohibition, qui est celui de la reproduction, mais même, s'il est propriétaire, il se fera une réserve pour repeupler les endroits dégarnis par la chasse; à plus forte raison, s'attachera-t-il à détruire les animaux malfaisants, fléau du gibier.

Sans parler des amateurs, il y a deux classes de véritables chasseurs : le chasseur proprement dit qui, comprenant la chasse par principes, surtout comme art d'agrément ou comme moyen d'exercice, l'aime à cause d'elle-même; le tireur, qui l'aime principalement à cause de ses résultats, qui, tout en lui prouvant son adresse, lui procurent du gibier. Les parties de chasse les mieux organisées ont besoin des uns et des autres : les chas-

2*

seurs y combinent la chasse et lui donnent sa
meilleure direction ; les tireurs opèrent sur le terrain.

Voici, d'après mon expérience, la meilleure
tenue que puisse avoir un chasseur :

§ 1er. — LE CHASSEUR AU BOIS.

Comme on ne chasse au bois qu'en automne et
en hiver, il aura une tunique et un pantalon en
drap de couleur foncée, avec ceinturon ; un man-
teau léger de tissu imperméable, qu'il pourra
replier dans sa carnassière ; une casquette ronde
en feutre ; des guêtres en cuir, à l'écuyère, avec
des brodequins ; un couteau-poignard attaché à la
carnassière, une trompe et un fouet en sautoir.

§ 2. — LE CHASSEUR EN PLAINE.

Si c'est en hiver, il aura le même costume que
le chasseur au bois, mais sans trompe ni couteau-
poignard. Il aura, en outre, pour la chasse au
marais, des bottes en cuir imperméable qui mon-
teront jusqu'à l'enfourchement. En été, le chasseur
aura une tunique ou blouse en toile grise, serrée
par un ceinturon ; un pantalon léger, une casquette
ronde avec visière ; des guêtres en coutil, serrées
au-dessus du genou par une coulisse, et au-dessous
par une jarretière ; des brodequins, un fouet et un
cordeau de trois mètres, dont il peut avoir besoin
pour son chien.

Il y a des chasseurs, mais ceux-là ne sont chasseurs qu'à demi, qui, dans une partie de chasse,

voyant avant tout une occasion de se divertir à
table, aiment toujours à ne la commencer qu'après
un bon déjeûner. Je ne les contredis pas, puisque
c'est leur plaisir; mais il y a tout à parier qu'en
sortant, ces amateurs manqueront leur gibier et
compromettront la chasse, s'ils n'occasionnent pas
d'accident. Aussi, partout où j'ai été, j'ai toujours
vu les vrais chasseurs se contenter, au départ,
d'un léger déjeûner, même d'une simple soupe à
l'oignon. Cela les rend plus présents et leur laisse
meilleur coup-d'œil. Ils n'en dîneront d'ailleurs
que mieux à leur retour quand la chasse sera terminée.

Le piqueur doit être habillé convenablement
pour tous les temps. C'est à cela que j'ai dû de
pouvoir toujours garnir le garde-manger; tous les
temps me convenaient : le beau temps, la pluie,
la neige, le dégel, le grand vent. Je ne sortais jamais sans rapporter du gibier de toute espèce,
soit sanglier, chevreuil, lièvre, perdrix ou cailles
dans la saison, soit bécassines, bécasses, canards,
marcanettes, vanneaux, pluviers. J'avais des chiens
dressés pour toutes les chasses.

Les meilleurs chasseurs que j'ai connus, étaient
ou sont, car plusieurs d'entr'eux vivent encore :

1º Pour le bois :

MM. Bénaumont, directeur des transports de la
guerre, à Mézières.
De Vaux, propriétaire, à Moulins (Allier).

MM. De Beffroy, lieutenant de louveterie, propriétaire et maire, à Hardoncelles, commune de
Remilly-les-Pothées (Ardennes).

    Ces trois messieurs font parfaitement les bois.

Lescuyer, membre du conseil général des
Ardennes.

Le capitaine Charinet, à Sainte-Ménehould.

Auguste Husson, fabricant de drap, à Sedan.

Drappier, juge de paix, à Stenay.

Maurice de Tassigny, au château de Reméant,
près Sedan.

Lallement, percepteur à Douzy (Ardennes).

Pierre Groslin, aubergiste, à Tannay (Ardennes).

Paulin Barbier, propriétaire, à Merle (Meuse).

Gauthier-Mabillon, propriétaire, à Stenay
(Meuse).

D'Ervillé, receveur particulier des finances, à
Verdun (Meuse).

Le général de division d'Autemarre d'Ervillé,
son frère, à Strasbourg (Bas-Rhin).

Lami-Desbans, propriétaire, à Tannay.

De Sugny, propriétaire, à Chooz (Ardennes).

Panier-Fourcart, marchand de bois, à Autry
(Ardennes).

Laclé, commis de fabrique, à Reims.

    Presque tous ces messieurs chassaient aussi très-
bien en plaine.

Rousseau, propriétaire, à Quincy (Meuse).

    J'ai chassé dix ans avec lui ; il entendait très-bien
la chasse.

2° Pour la plaine et le marais :

MM. le comte de Sainte-Aldegonde, à Paris.

Auguste Mathys, propriétaire, au château de Belval (Ardennes).

Tournois, ancien médecin, à Carignan (Ardennes).

De Saint-Gilles, à Semuy (Ardennes).

Félix d'Alincourt, au château d'Alincourt (Ardennes).

Robert père, ancien député, à Voncq (Ardennes).

3° Pour le bois, la plaine et le marais :

M. Pierre Grosselin, des Ambrières, près Vendresse (Ardennes).

Parmi mes anciens maîtres, sans parler des personnes chez lesquelles j'ai chassé à volonté, car autrement je citerais M. de Beffroy le premier, ceux qui entendaient le mieux la chasse, sont : M. le comte d'Herbemont et M. de Boullenois; M. de Boullenois est meilleur tireur. Aujourd'hui, il a l'équipage le mieux monté du département.

ARTICLE II.

§ 1er. — LE PIQUEUR.

Le piqueur est l'âme de la chasse; sans son concours, tout est incertain et exposé; avec lui, au contraire, tout marche régulièrement et le succés

est assuré. Ses fonctions ne se bornent pas à la
chasse elle-même, elles doivent encore s'étendre
à tout ce qui s'y rattache; ainsi, il doit surveiller
les armes du maître et les tenir en état; il doit,
chaque jour, faire la visite du chenil, pour s'assurer de l'état des chiens, et voir si le valet, son
subordonné, fait bien són service; il doit veiller
à ce que la meute se conserve bonne et pure; il
traitera les maladies, il opérera, il pansera les
blessures; il dressera des limiers pour détourner,
des mâtins pour attaquer, des chiens courants et
même des chiens d'arrêt, pour les diverses chasses.
En temps prohibé, il fera chaque semaine, soit à
pied, soit à cheval, une grande promenade dans
les bois avec les chiens couplés; cela leur donne
de l'exercice et leur fait connaître, pour les jours
de chasse, le chemin du retour au chenil. Il faut
aussi qu'il visite fréquemment les bois et terres
dont son maître a la propriété, ou sur lesquels il
a droit de chasse, afin de s'assurer du gibier qui
s'y trouve et de ses habitudes. Connaît-il un sanglier, un loup, ou seulement un renard, il doit
aussitôt en prévenir son maître et en faire la destruction; il est essentiel aussi que le piqueur sonne
de la trompe, et sache tous les airs qui indiquent
les divers mouvements de la chasse.

La tenue de chasse des piqueurs est la même
que celle des maîtres, sinon que la casquette est
garnie d'un cordon de livrée. A la chasse, comme
à la guerre, rien n'est laissé au hasard; il est donc
indispensable de ne rien entreprendre avant d'a-

voir la certitude du lieu où le gibier se trouve
remis et de ses habitudes. Détourner et remettre,
voilà le travail le plus difficile du piqueur, celui
qui exige de sa part le plus d'intelligence et d'habitude pratique. Aussi, pour ne pas risquer de se
tromper et de faire manquer une chasse, ce qui
serait humiliant pour lui, le piqueur qui va détourner sera sobre, au moins ce jour-là.

Le matin, au départ, il se contentera d'une soupe
à l'oignon et d'une demi-bouteille de vin; à son
retour de la quête, un morceau quelconque et un
verre de vin lui suffiront. Je sais bien qu'il y a des
piqueurs qui ne comprennent pas cela; aussi comment opèrent-ils! Quant à moi, je me suis toujours
très-bien trouvé de ce régime; j'en dirai autant
de ma chasse.

Dès le point du jour, le piqueur qui doit détourner se trouvera à la forêt; si son limier arrive
sur la trace d'un loup ou d'un sanglier, il tire le
trait où la bête a passé, en se rabattant sur le pied;
le piqueur entre alors, à trait de limier, environ
cent pas dans l'enceinte, pour bien reconnaître si
la voie est celle de dix heures du soir ou celle du
matin. Si c'est celle du soir, il ira prendre les
grands devants pour trouver la voie du matin. On
distingue ces voies l'une de l'autre, parce que sur
celle du soir le limier suit difficilement et même
s'écarte souvent, tandis qu'il suit franchement sur
la voie du matin. Chaque fois que le piqueur a reconnu, il doit faire une brisée au bois du côté de
l'enceinte, et une autre à terre, sur le chemin, en

ayant soin de mettre le bout cassé du côté où
l'animal qu'il détourne a la tête tournée. La dernière brisée se fera dans l'enceinte de la remise.
Une fois sur la voie du matin, le limier, s'il a bon
vent, tire le trait à environ quinze pas de la trace
et il s'y rabat. Le piqueur doit alors apporter la
plus grande attention à s'assurer si la bête n'est
pas revenue sur son contrepied; souvent, en effet,
le sanglier revient sur son chemin et il se rem-
bûche. S'il y a rembûchement, le limier doit redresser la voie et donner la rentrée au bois. On
fait alors une bonne brisée ou brisée d'attaque.
S'il a plu pendant la nuit, le piqueur doit, à trait
de limier, percer l'enceinte pour mettre la bête
sur pied afin qu'elle donne une voie nouvelle, une
bonne voie qui permette de détourner et de remettre dans une autre enceinte. Avec un bon
limier et un bon chien d'attaque, un piqueur ne
fait pas buisson-creux, surtout s'il n'a pas plu la
nuit. Dès qu'il est certain du lieu de la remise, il
se retire sans bruit avec son limier, et se rend de
suite près des chasseurs qui l'attendent. Il leur
fait alors son rapport en peu de mots et donne
son avis. Quand on est d'accord, il se retire pour
assurer l'exécution de l'ordre reçu. Dès ce moment, responsable de la chasse, il en devient le
directeur et en quelque sorte le maître; en conséquence, il désigne aux chasseurs leur poste, et
envoie les chiens avec les valets aux environs de
la brisée d'attaque et aux relais s'il doit y en avoir;
il attaque lui-même avec un ou deux chiens don-

nant bien des voies de rapproche, et, tout aussitôt
l'attaque, il fait découpler les autres chiens pour
joindre; il suit la chasse qu'il ne doit même jamais
perdre, sous peine de la compromettre; il en annonce à son de trompe tous les mouvements; il
est derrière les chiens pour en relever tous les
défauts; il doit arriver en même temps qu'eux, à
la fin de la bête, pour les secourir, si elle est dan-
gereuse, la tuer et en faire la curée; ensuite, il
rassemble les chiens, les panse s'ils sont blessés,
et il assure leur retour au chenil.

Comme l'indique le tableau que nous venons de
tracer, le piqueur est toujours occupé, et même
souvent il a rude besogne; mais s'il a l'amour de
la chasse, la fatigue n'est pour lui qu'un plaisir.
Les deux meilleurs piqueurs que j'aie jamais connus
sont : Saint-Jean, chez M. le comte de Vichy, à
Moulins (Allier), et Jean-Nicolas Mabillon, chez
M. Drappier, à Cesse (Meuse); ils entendaient parfaitement leur métier dans toutes ses parties; en
outre, ils étaient excellents chasseurs à la plaine
comme au bois; en un mot, de vrais piqueurs à
tout, comme on dit.

§ 2. — LE PIQUEUR A L'OEIL OU SANS LIMIER.

Le piqueur à l'œil, qui ne possède pas de limier,
doit faire les chemins où il fait bon à revoir, c'est-
à-dire dont le terrain doux et mou laisse, en certains endroits, les voies de l'animal imprimées
comme sur de la cire. Il est souvent assez difficile
de savoir si la voie reconnue est celle de la nuit

ou celle du matin. A-t-il plu pendant la nuit, il faut avoir connaissance de l'heure à laquelle la pluie a cessé ; est-ce par exemple, à onze heures du soir, si la voie ne renferme pas d'eau, on peut être assuré d'avoir la voie du matin. Une remarque fort utile est d'examiner avec le plus grand soin, si le contour de la trace est parfaitement net et ne présente pas le moindre indice d'un temps ancien ; des feuilles, des herbes, de petits brins de bois ou de mousse sont excellents à consulter. L'herbe se trouve-t-elle relevée dans le pas, il n'est pas de la nuit, mais d'un temps plus ancien.

Ces différentes remarques s'appliquent au temps pendant lequel la terre n'est pas couverte de neige; les observations du piqueur à l'œil changent en temps de neige. La trace du sanglier est-elle surneigée moins haut que les gardes, le talon du sanglier paraît carré ; mais lorsque la neige, par son abondance, arrive au-dessus des gardes, il faut tâter avec les deux doigts enfoncés sous la neige, si la voie est la trace d'un sanglier ou le pas d'un loup ; pour le sanglier, le piqueur sent le bout du pied, la pince ; pour le loup, le pied rond et les deux ongles du devant. Cette reconnaissance indique en même temps la direction de la voie. Inutile de dire que des observations analogues à celles qui se présentent, lorsqu'il n'y a pas de neige, peuvent faire découvrir si la voie tracée sur la neige est celle de la nuit ou celle du matin.

ARTICLE III.

DES CHIENS.

Si je n'ai pas placé les chiens au premier rang des agents de la chasse, c'est seulement par politesse pour le chasseur et le piqueur, car les chiens sont bien les premiers agents de la chasse, d'après la vieille maxime fort juste : « Si le chasseur fait le bon chien, le bon chien passe le bon chasseur. »

§ 1er. — LE CHENIL, LA NOURRITURE ET LA TENUE DES CHIENS.

L'odeur et le bruit des chiens demandent que le chenil soit construit à une assez grande distance de l'habitation du maître. Pour vingt chiens, il aura trois mètres dans un sens et six dans l'autre; pour moins de vingt chiens, il sera réduit en proportion. Ces dimensions sont suffisantes, car si le chenil était trop grand pour le nombre des chiens, indépendamment de ce qu'il serait trop froid en hiver, ils prendraient l'habitude d'y déposer leurs ordures au lieu d'aller dans la cour. — La banquette sur laquelle ils coucheront aura un mètre de largeur et sera élevée de trente-trois centimètres au-dessus du sol; le devant et les côtés seront fermés par des planches à coulisses, afin qu'on puisse balayer dessous, et que les chiens n'y trouvent pas de retraite quand on veut les prendre malgré eux, ou leur donner la discipline. La ban-

quette aura des bords.de seize à dix-sept centimètres d'élévation pour retenir la paille. — La porte
sera placée au milieu du chenil, entre les deux
croisées qui seront fermées au dehors par des vo-
lets. Au bas de la porte, il y aura pour le passage
des chiens, une percée fermée par une planche à
coulisse, qui se lèvera ou se baissera à volonté. —
La cour aura une étendue suffisante pour que les
chiens puissent y prendre leurs ébats; elle sera
fermée par un mur ou une palissade de deux mètres trente-trois à deux mètres soixante-six centimètres de hauteur. La porte de la cour sera au
milieu, vis-à-vis du chenil. — La cuisine des chiens
sera en dehors de la cour avec une entrée dans
cette cour et une autre à l'extérieur. Il est utile
que la chambre du piqueur soit au-dessus de la
cuisine, pour qu'il puisse entendre plus facilement
ce qui se passe au chenil. — Derrière le chenil, il
y aura une place entourée de palissades, pour y
abattre les chevaux destinés à la nourriture des
chiens, et au milieu de laquelle se trouvera un
tonneau percé, bien enterré et bien couvert, qui
recevra la viande découpée par morceaux. La viande
ainsi placée et couverte de terre ou de sable, se
conserve bien plus longtemps et sans odeur, même
en été. — Le chenil et sa cour seront pavés en
pierres. Il est bon cependant de laisser une partie de la cour couverte de gazon, afin que les chiens
y mangent à volonté du chiendent pour se rafraî-
chir.

Dans le chenil et dans la cour, on établira, pour

l'écoulement des eaux et des urines, une rigole en pente, bien rejointoyée en chaux vive. En outre, on aura soin, pour la santé des chiens, de faire blanchir tout le chenil à la chaux, deux fois par an. — La meilleure paille pour liter les chiens est la paille d'orge, et surtout celle qui a servi à la litière des chevaux, parce qu'elle écarte les puces.

Quand les chiens n'ont pas à chasser, et surtout pendant tout le temps de la prohibition, le valet, après avoir fait la soupe et nettoyé le chenil, doit les promener aux endroits où ils trouveront à manger du chiendent ou des franges de blé ; cela les purge. — Pour les promenades, il aura soin de coupler toujours les mêmes chiens ensemble, et de ne jamais souffrir qu'ils passent devant lui. Il faut qu'il sache se faire obéir et que, sans brutalité, il soit sévère en temps et lieu. La parole suffit-elle pour obtenir l'obéissance d'un chien, le fouet devient inutile.

La bonne tenue au chenil et à la promenade est un point que j'ai toujours considéré comme très-important pour assurer le bon service des chiens, et quand ceux-ci ont été habitués à une bonne discipline au chenil et dans leurs promenades, il est plus facile de les conduire au rendez-vous de chasse et de les rassembler après la chasse. Si le valet n'est pas au fait, le piqueur lui montrera tout ce qu'il doit faire sans cesser de le surveiller. Il faut qu'il y ait toujours des fouets pendus à la porte de la cour, pour s'en servir si un chien se conduit mal, surtout quand on entre au chenil.

Les chiens sont souvent échauffés, c'est la source de beaucoup de leurs maladies ; le remède est un lavement de chiendent ou d'eau de son, au moyen d'une petite seringue qui doit toujours se trouver dans la cuisine. Comme mesure de prévoyance, on jette aussi de temps en temps de la fleur de soufre dans leur soupe, environ une cuiller à bouche pour six chiens. Il faut aussi avoir du savon noir pour leur donner des bains. Remplissez un tonneau d'eau tiède ; jetez-y un kilogramme de savon pour vingt chiens ; remuez bien le tout avec un balai ; placez les chiens l'un après l'autre dans le tonneau, et frottez-les bien pendant quelques minutes avec une brosse de chiendent. C'est dans la cuisine des chiens qu'il faut faire cette opération ; et on y allume en même temps un bon feu, près duquel on étend une botte de paille sur laquelle on fait coucher les chiens pour les sécher ; on les reconduira ensuite au chenil. Cette opération se répètera trois ou quatre fois par an, surtout aux mois de mai et d'août. On fait ainsi périr leurs puces, et ils sont tenus en santé.

Les chiens doivent être nourris avec du pain de blé de deuxième qualité, à raison de six cent vingt-cinq grammes par chien pendant la chasse et de cinq cents grammes en temps de prohibition. Quand on emploie le pain d'orge, on peut y ajouter un quart de seigle ou de criblures de blé, et comme ce pain est moins nourrissant, chaque chien en aura un kilogramme ou sept cent cinquante grammes si le pain d'orge est pur; sept cent cinquante grammes ou cinq cents grammes s'il est mêlé, en donnant la plus forte ration pendant le temps de chasse, et la plus faible pendant la prohibition.

Si vous nourrissez vos chiens avec de la viande de cheval, elle doit entrer pour moitié dans la ration, et être découpée en morceaux de deux cent cinquante grammes environ.

Le pain de cretons, quand on en fait usage, doit être soigneusement moulu et bien bouilli dans la chaudière, autrement il pourrait échauffer les chiens et leur donner le roux-vieux dont la guérison est très-difficile. Pour tremper la soupe, il faut, dans la cuisine, un tonneau avec un couvercle bien ajusté. Le premier ouvrage du valet de chiens est de mettre la viande ou le pain de cretons dans la chaudière pour y préparer la soupe; pendant qu'il la fera bouillir, il balayera le chenil. La paille des chiens doit être secouée chaque jour, et changée tous les deux jours; l'eau sera renouvelée tous les jours, car l'eau fraîche et pure est essentielle pour les chiens, en été surtout.

Lorsque le bouillon a suffisamment bouilli avec le pain de cretons, le valet de chiens le prend dans la chaudière pour le verser dans le tonneau sur le pain de blé de deuxième qualité qu'il y a préalablement coupé par morceaux, puis il couvre le tonneau pour que la soupe trempe bien. Si la soupe est trop épaisse au moment de la donner, c'est-à-dire vers 5 heures du soir, il la rendra plus claire avec des eaux grasses. — Pour servir la soupe à vingt chiens, il faut deux auges ayant chacune deux mètres de longueur, qui seront placées dans la cour, à la suite l'une de l'autre. — Afin d'être tranquille, il faut enfermer les chiens au chenil pendant qu'on met la soupe dans les auges. Pour la distribuer, on se servira d'un vase contenant une ration, et on mettra dans les auges autant de rations qu'il y a de chiens. Cependant, si on est en chasse, la ration ordinaire ne suffisant plus, on ajoutera quelques rations supplémentaires et même on fera la soupe plus épaisse. Dès que la soupe est dans l'auge, le valet ouvre la porte du chenil, et aussitôt la sortie des chiens, il la referme. Le fouet à la main, il surveillera le repas ; s'il voit un chien manger trop avidement, ou empêcher un autre de manger, enfin se conduire mal, il l'appelle d'abord par son nom d'un ton sévère ; si cela ne lui fait pas d'effet, il lui crie de se retirer, et, s'il n'obéit pas encore, il lui applique un coup de fouet. — Quand les chiens ont terminé leur repas, on dresse les auges contre le mur, pour qu'ils n'y fassent pas d'ordures. — Avant de rouvrir la porte du chenil, on laisse encore les chiens un quart-d'heure dans la cour, pour s'y vider. Il est bon qu'il reste un peu de soupe dans le tonneau, pour la distribuer le matin à ceux des chiens qui sont les plus maigres, ou qui viennent de se fatiguer dans une grande chasse.

Le jour où on a tué un cheval, il faut, après en avoir levé la viande, y laisser venir les chiens ; ils mangeront ce qui sera resté sur les os, et ils les rongeront aussi ; mais alors, le lendemain, on ne leur donnera que moitié de la ration ordinaire, et la soupe sera moins épaisse. Il faut avoir soin de ne pas mettre les chiens en chasse le lendemain du jour où ils auront mangé de la viande fraîche, car ils sont alors échauffés, et ils manquent de nez. — Les chiens ont naturellement besoin d'être purgés souvent ; c'est pour cela qu'ils mangent, quand ils le peuvent, du chiendent. Il est utile de les purger en automne et au printemps avec une cuiller de sirop de nerprun par chaque chien, en répétant la même dose pendant trois jours.

§ 2. — MALADIES DES CHIENS ET TRAITEMENT.

Les chiens sont sujets à un assez grand nombre de maladies, à l'égard desquelles il est presque toujours essentiel d'agir promptement ; aussi est-il indispensable d'avoir à sa disposition, dans le chenil même, une petite pharmacie contenant les remèdes les plus usuels, tels que du gros sel, de l'alun calciné, de la fleur de soufre, du sel de nitre, de l'eau-de-vie camphrée, de l'extrait de saturne, de l'huile fine, du fort vinaigre, du baume du commandeur, parfait pour les blessures ; de l'onguent de la mère, de l'aloès, de l'émétique, de la rhubarbe, de l'ail, des fleurs de sureau et de camomille, de l'absinthe, de la guimauve et du vieux linge.

Je ne citerai que les principales maladies des chiens, qui sont : la gale, l'échauffement, le mal

3

d'intestins, le coup de sang, la maladie des chiens, l'empoisonnement, les vers, le roux-vieux, la rage et le chancre.

Quand il y a beaucoup de chiens dans un chenil, il est rare que la gale ne s'y déclare pas. Voici comment je m'en défais :

Si, à la visite que je fais chaque jour, j'aperçois quelques boutons suspects sur l'un des chiens, je le mets à part, et, au moyen d'un couteau de bois, je frictionne jusqu'au vif la partie où sont ces boutons, que j'enduis du liniment mercuriel contre la gale en usage chez les pharmaciens. Je laisse ensuite s'écouler vingt-quatre heures, puis je donne, pendant trois jours, une boulette de soufre pétrie avec du saindoux pour faire bien sortir la gale ; je graisse alors au liniment trois ou quatre fois au plus ; enfin je passe le chien au bain de savon pour le nettoyer. Pendant les huit jours qui suivent, je ne lui donne qu'une nourriture rafraîchissante. Si je vois qu'il ne mange pas comme à son ordinaire, je lui donne un lavement à l'eau de son passée dans un linge, ou bien je lui fais boire du petit lait ; ne veut-il plus rien prendre, c'est preuve qu'il a une autre maladie que la gale ; j'observe alors ce que ce peut être. Souvent les chiens ont des maux d'intestins dont il faut les guérir. Je prépare dans ce but de la tisane au chiendent, une poignée par litre, et pour que le chien l'avale, je lui passe un morceau de bois en bâillon dans la gueule ; je la lui ouvre en forme de cornet, en tournant la lèvre de la main gauche, tandis que de

la droite je lui verse la tisane au moyen d'un arro-
soir ; je lui en fais avaler la moitié d'un verre chaque fois ; je recommence les lavements et cette
boisson plusieurs fois pendant vingt-quatre heures, jusqu'à ce que le chien se décide à manger
une petite soupe au beurre.

La saignée est bonne quand on voit le chien devenir *darne,* c'est-à-dire éprouver un coup de
sang, et qu'il tombe ; elle n'est même bonne que
dans ce cas, comme je l'ai souvent éprouvé. — Le
cautère est indiqué quand le chien est maigre et
qu'il a le poil hérissé, ce qui prouve l'échauffement. Je coupe alors un morceau de cuir d'un
pouce et demi de longueur sur un pouce de largeur, et j'y fais un trou au milieu avec un bistouri ;
j'ouvre la peau du chien sous la poitrine, entre les
deux jambes de devant, et je la lève avec le doigt.
Le piqueur qui ne s'y entendrait pas se fera montrer l'opération par un vétérinaire. Le cautère doit
être maintenu pendant trois semaines sans qu'on
ait besoin d'y toucher, le chien par ses mouvements y suffisant.

Pour ce qu'on appelle la maladie des chiens, qui
trop souvent exerce tant de ravages dans un chenil, j'ai recours au séton dès le début de la maladie,
qui s'annonce par un écoulement du nez et des
yeux ; mais j'aime mieux ne pas attendre qu'elle
arrive ; je la préviens en vaccinant le chien dès
l'âge de quatre mois, au-dedans de la cuisse, avec
du vaccin médicinal.

Si le jeune chien tousse, je remplis de sel une

cuiller à bouche, je lui ouvre la gueule pour y
introduire ce sel et en même temps j'y verse ou y
fais verser un demi-verre d'eau; ensuite je lui
tiens pendant un instant la gueule fermée en lui
passant la main sur la gorge pour qu'il avale bien;
puis je laisse le chien libre; il vomit de suite et
se trouve soulagé. Ce remède bien simple a l'avantage d'agir de suite; les autres laissent trop souvent à la maladie le temps de se développer, et
alors elle devient presque toujours mortelle. Après
cela, je renferme le chien, en lui donnant de l'eau
ou du petit lait; je laisse un jour d'intervalle et je
recommence, mais avec une dose de sel moins
forte; s'il continue à tousser, j'ai recours à une
troisième dose, mais moins forte que la seconde,
et après avoir attendu quarante-huit heures; puis
je soumets le chien aux rafraîchissements pendant
quelques jours.

Quelquefois, dans les promenades ou à la chasse,
un chien se trouve empoisonné. Si on s'en aperçoit à temps, il faut se hâter de lui faire avaler une
bonne quantité de lait sortant du pis de la vache.
Par ce moyen, j'ai un jour sauvé Pataud.

Les chiens ont assez souvent des vers intesti-
naux qui les gênent beaucoup. L'absinthe ou la
camomille avec de l'ail, bien bouillis et bien ré-
duits, sont un remède en boisson ou en lavement.

Le roux-vieux, maladie fort tenace, est dû, ou
à la mauvaise nourriture des chiens, ou bien à ce
qu'ils sont mal tenus au chenil, ou même à ce
qu'on ne leur fait pas prendre assez d'exercice.

Mon traitement, c'est de saigner au cou pour établir ensuite un cautère au-dessous de la poitrine. Pendant un mois, le chien ne prend qu'une nourriture légère, des boissons rafraîchissantes, et, de temps en temps, des lavements.

Une fois que la rage est déclarée, je ne vois d'autre remède, si on ne veut pas tuer le chien, que de l'enfermer à part en mettant de l'eau à sa portée, et d'observer ce qu'il devient. On prévient la rage chez les chiens en leur renouvelant l'eau chaque jour, en hiver comme en été, et en évitant toute relation avec des chiens étrangers. Je dirai cependant que j'ai sauvé des chiens en les plongeant, immédiatement après la morsure, dans de l'eau froide et en les bouchonnant fortement pendant quelques minutes.

Les chiens reçoivent aussi des blessures à la chasse, notamment lorsqu'ils sont chargés par un sanglier. Dès qu'on a connaissance qu'un chien est blessé, il faut courir de suite auprès de lui pour l'empêcher de traîner ses intestins. On passe les deux doigts dans la plaie quand les boyaux sortent, et on ouvre au bistouri la plaie plus grande pour que les boyaux gonflés puissent rentrer à leur place; pendant cette opération, il faut avoir soin de tenir le chien renversé les pattes en l'air. Les boyaux sont touchés et rentrés avec précaution; on les laisse glisser à l'intérieur par leur propre poids et tout naturellement en ne tenant que les lèvres de la plaie; il faut ensuite secouer légèrement le chien, qui est resté dans la même position, afin que les intestins reprennent bien leur place. Cette opération terminée, on coud à gros points avec une forte aiguille dans laquelle est passé du fil retors.

Lorsque le chien est rentré au chenil, le piqueur doit découdre cette première suture pour laver soigneusement la plaie avec de l'huile d'olive et du vin tiède, jusqu'à ce que la plaie soit parfaitement nette et que le sang caillé ait disparu ; il fait ensuite une nouvelle suture à points plus serrés, et le chien, en se léchant, opère sa guérison. Au bout de vingt-quatre heures la plaie commence à se cicatriser. L'opération est la même si c'est le foie qui est sorti, et, chaque fois, le chasseur le plus rapproché doit se rendre sans délai au secours du piqueur ; il est même très-utile qu'un homme soit spécialement chargé de ce soin. J'ai toujours une personne avec moi, et c'est pour cela que je n'ai jamais été blessé.

Le chien propre à la chasse du sanglier, ne devient tout-à-fait bon qu'après avoir été blessé par lui et lorsqu'il en a mangé. Ces différents détails montrent que le piqueur est le chirurgien des chiens ; il doit donc toujours avoir sa trousse qui renferme des aiguilles, des lancettes, un bistouri, du cuir pour disposer un cautère, une aiguille pour passer le séton et du fil retors.

J'ai remarqué que le bout de la queue des chiens courants saigne souvent quand ils ont chassé dans les épines, c'est pourquoi je leur coupe toujours un pouce et demi de la queue. Je retranche la même longueur de la queue des chiens d'arrêt pour éviter pareil inconvénient.

§ 3. — PRODUCTION ET ÉLÈVE DES JEUNES CHIENS.

Il ne suffit pas d'avoir des chiens, ni même de les entretenir en bon état de santé, il faut aussi penser à les renouveler pour le moment où ils ne pourront plus faire leur service. Chaque race de chiens offrant un genre de service auquel elle est plus particulièrement propre, le chasseur a dû étudier la race qui convient le mieux au genre de chasse qu'il pratique, au pays qu'il habite, etc. ; c'est dans ce sens qu'il doit diriger la production dans son chenil.

Quand la chienne dont il a fait choix est sur le point d'entrer en chaleur, les parties sexuelles sont gonflées et, au bout de quelques jours, on y remarque une goutte de sang ; on l'enferme alors soigneusement, et vingt-quatre heures après elle est en chaleur et reste en cet état pendant neuf jours. Au bout de cinq jours, on lui donne le chien qu'on a également choisi, et on s'assure si l'accouplement a eu lieu. Tout aussitôt après, on retire le chien, mais on le remet le lendemain. Cela suffit, à la fin de la chaleur surtout, et même on peut se contenter d'une seule fois. La chienne restera enfermée pendant le reste du temps de la chaleur, et même encore trois jours au-delà. Avec toutes ces précautions, on est certain d'avoir l'espèce qu'on veut. La chienne met bas au bout de soixante-quatre jours et quelquefois de soixante-

deux seulement, si la lune est avancée. On lui
laisse pendant vingt-quatre heures tous ses petits,
pour qu'ils lui tirent le mauvais lait. Le lendemain,
si on veut en garder deux, on en conserve quatre
provisoirement; huit jours après on n'en laissera
plus que trois, et huit jours encore après on reti-
rera le troisième. Ce moyen soulagera mieux la
chienne et donnera d'ailleurs le temps de mieux
choisir, les petits chiens étant plus développés. On
gardera ceux qui ont les pieds les plus fins, parce
qu'ils se fatigueront moins à la chasse, et la gueule
plus allongée, parce qu'ils auront meilleur nez et
même la dent plus aiguë. On laissera la mère libre
d'aller à sa volonté trouver ses petits ou les
quitter. Au bout d'un mois, on donne à manger
aux jeunes chiens une fois par jour; à cinq ou six
semaines, deux fois par jour; mais au bout de six
semaines, on les retire tout-à-fait de la mère dont
ensuite, pendant deux jours, on frotte les mamelles
avec de la terre glaise ou de la boue de meule
sèche, qu'on détrempe avec du fort vinaigre; on
la nourrit peu, et de pain seulement, jusqu'à ce
que le lait soit tout-à-fait passé. — Elevez les
jeunes chiens dans la basse-cour, au milieu des volailles et des moutons; ils s'habituent ainsi à n'y
pas toucher; mais à huit mois, mettez-les au
chenil.

Souvent les chiens, les braques surtout, ont
des chancres aux oreilles; c'est une preuve d'é-
chauffement. Tout en soumettant le chien malade
aux rafraîchissements, voici comment je le guéris

de ce mal fort désagréable : une gousse d'ail, deux coups de poudre à tirer, une cuiller à bouche pleine de sel, une cuiller à café remplie de poivre, deux onces de litharge, du noir de fumée, un peu de bon vinaigre ; le tout, bien broyé ensemble, donne un onguent ayant la consistance du saindoux. J'en prends avec les deux doigts, et, chaque jour, plutôt deux fois qu'une, j'en frotte les parties attaquées qui, au bout d'une semaine, sont séchées et guéries.

Pour les poux, je graisse avec de l'huile ; pour les puces, j'emploie le savon noir.

Souvent, quand ils ont chassé sur une terre durcie, soit par la chaleur, soit par la gelée, il survient aux chiens des ampoules aux pattes ; voici comment je les guéris : pour chaque chien, un blanc d'œuf et de la suie avec du vinaigre bien battus sur une assiette ; le soir, pendant trois ou quatre jours, j'y trempe les pattes malades ; elles s'endurcissent et le mal disparaît.

§ 4. — ÉDUCATION DES DIVERS CHIENS DE CHASSE.

1° *Chiens courants.*

Si vous avez de jeunes chiens courants, apprenez-leur à bien marcher à la couple ; ils s'y accoutumeront mieux s'ils sont couplés avec des chiens faits. A la promenade, le valet sera derrière eux pour les habituer à suivre le piqueur ; s'ils sont trop difficiles, mettez-les à la chaîne pendant quelques jours. C'est le mois de mai qui convient le mieux pour les préparer à chasser. Il faut sortir dès le matin, qui est le moment du jour où l'on trouve le plus souvent le gibier sur pied et ses traces plus fraîches. Les jeunes chiens, soit d'eux-mêmes, soit par la voie de l'encouragement, se mettront facilement en chasse.

Quand on leur verra de bons commencements, on les fera chasser avec les vieux, qui achèveront leur instruction par leur exemple entraînant. Le grelot, qui n'effarouche en aucune façon le gibier, est fort utile pour le faire retrouver devant le chien courant; j'en conseille fortement l'emploi, car il protége en outre la vie du chien, en le défendant des coups de fusil.

2° *Chiens d'arrêt.*

Les chiens d'arrêt sont bien plus difficiles à dresser que les chiens courants, parce qu'il y a plus à exiger d'eux, tandis qu'il n'y a qu'à seconder l'instinct chez ces derniers. Voici ma méthode: l'éducation est complète quand le chien a passé successivement par les trois classes qui suivent.

PREMIÈRE CLASSE.

Le jeune chien ne sait encore rien ; je lui passe au cou un cordeau de soixante-dix centimètres de longueur, que je tiens de court de la main gauche, et avec la même main je soutiens la mâchoire inférieure du chien. Je lui dis alors : *sur cul*, en appuyant, avec une certaine force, la main droite qui porte un fouet en bracelet, sur l'arrière-train du chien, suivant le plus ou le moins de résistance qu'il m'oppose. Quand le chien est sur le cul, je place ma main droite sur le dessus de son museau, en serrant la lèvre supérieure pour lui faire ouvrir la gueule et y introduire un morceau de bois de trois centimètres de diamètre, sur une longueur de douze à quinze centimètres, en lui disant : *tout beau*. Je passe alors de nouveau ma main droite au-dessus de la tête du chien, de sorte que mes deux mains exercent en sens contraire une pression sur ses deux mâchoires pour forcer le chien à garder le morceau de bois dans sa gueule ; puis avec une voix sévère, je lui dis, en lui avançant la tête et le corps en même temps vers moi : *apporte au maître*. Dans ce mouvement il quitte bien entendu la position sur cul pour se mettre sur ses quatre pattes, et quand il s'est ainsi avancé forcément de deux à trois pas, je lui dis de la même voix sévère : *sur cul, lève la tête, tout beau ;* et je lui prends le morceau de bois en lui desserrant un peu les lèvres et lui disant : *donne au maître*. Je termine en lui faisant une petite caresse pour le récompenser de son obéissance.

Cette première leçon se répète deux et trois fois par jour, jusqu'à ce que le chien ne laisse plus tomber le bois et ne remue plus la mâchoire.

Depuis le moment où le chien commence la première classe, il doit être maintenu à l'attache, qu'il ne quitte que pour aller à la leçon. La leçon finie, on le laisse sortir un instant, puis on le remet à l'attache en lui donnant à manger.

DEUXIÈME CLASSE.

Le chien se trouve dans un endroit fermé, il est placé sur le cul, comme dans la première classe, et il tient de même le morceau de bois ; je lui dis en l'appelant par son nom, au moment où il le reçoit : *tout beau*. Le cordeau est libre sur presque toute son étendue, et ma main gauche, au lieu d'être placée sous la mâchoire inférieure du chien, la laisse libre et tire le cordeau à une distance de soixante-six centimètres du museau, en remettant le chien sur ses pattes. Je dis sévèrement au chien : *apporte au maître*. Quand il a suffisamment marché en avant, à l'aide du cordeau que je rends de plus en plus grand, je le fais tourner autour de moi, et si je veux qu'il me donne le morceau de bois, je lui dis : *tout beau, sur cul,* avant de le lui prendre à la gueule, de la main droite, après ces mots : *tout beau, donne au maître;* et plus le chien devient obéissant à cette manœuvre, plus j'augmente la longueur du cordeau qui, pour cette seconde classe du chien, ne doit pas dépasser deux mètres. Ma leçon se termine toujours par une caresse. Après cela, je me promène avec lui dans l'endroit fermé où je lui fais suivre cette seconde classe, en l'appelant par son nom, et en cherchant à le faire venir près de moi; s'il refuse, je le tire par la corde en lui donnant des saccades et je le fais remettre sur cul. Je lui donne une petite caresse pour le récompenser de sa bonne conduite. Cette leçon se renouvelle deux et trois fois par jour, pendant six jours et même plus, s'il ne fait pas comme il faut.

TROISIÈME CLASSE.

Je tiens le chien à la diète pour ne lui donner à manger qu'après la leçon. Il a au cou un cordeau de trois mètres trente-trois centimètres ; je lui jette un morceau de pain ; quand il l'a pris, je saisis le cordeau en lui disant : *apporte au maître*. S'il veut manger le pain, je l'attire à moi en lui parlant sévèrement, et même, s'il ne m'obéit pas, je lui applique un coup de fouet ; s'il m'a obéi, je lui donne pour sa récompense un petit morceau de pain qu'il a apporté et je lui fais une caresse. Si, au contraire, il refuse de le ramasser, je le lui mets à la gueule, en lui disant : *apporte au maître*. S'il ne donne pas, je lui serre les lèvres. Après le pain, je prends un os autour duquel il reste un peu de viande. S'il l'a bien apporté, je lui en donne. Quand je l'ai bien habitué à ramasser, je jette, sans qu'il s'en aperçoive, un os ou un morceau de pain, et je lui dis, en l'appelant par son nom : *cherche, apporte au maître*. Cela lui donnera pour l'avenir l'intelligence de trouver la pièce de gibier qu'il n'aurait pas vu tomber. Je suis sévère de parole quand il me manque, mais j'ai la parole douce quand il s'est bien conduit. C'est là pour moi l'é- ducation au collier de force, car je ne me sers pas du collier à pointes de clous en dedans.

Un autre procédé avantageux pour cette troi- sième classe, est celui du chevalet. Voici comment

j'en fais usage : Je pose à terre un chevalet dont
les branches s'élèvent de douze centimètres au-
dessus du sol, et s'adaptent à une tige de vingt
centimètres de longueur ; le chien porte son cordeau de la seconde classe, je lui appuie ma main
droite sur le dessus du cou pour lui faire baisser la
tête vers la terre jusqu'au chevalet ; quand la tête
est sur le chevalet, je saisis le chien par le museau,
en lui pinçant les lèvres de ma main gauche, dont
le troisième doigt pousse un peu le chevalet dans
sa gueule entr'ouverte, je lui dis, toujours avec
sévérité, en lui soutenant et relevant la tête de ma
main gauche, tandis que j'échappe la tête du chien
de ma main droite, qui ne retient plus que le cordeau : *apporte au maître;* ensuite, quand le chien
s'est avancé assez loin à l'aide du cordeau : *sur
cul, tout beau,* et avant de prendre le chevalet :
donne au maître. Cette leçon, qui doit être répé-
tée deux fois par jour, finit aussi par une caresse.

Une observation de la dernière importance, c'est
qu'il ne faut jamais faire passer le chien d'une
classe à l'autre, sans que chacune d'elles soit parfaitement comprise dans son ordre. La troisième
classe à elle seule dure aussi longtemps que les
deux autres.

Lorsque le chien a suffisamment passé par les
trois classes, et qu'il apporte franchement l'os ou
le chevalet, je prends de nouveau le morceau de
bois que je jette à terre, en lui disant : *Apporte
au maître!* S'il récidive, j'applique du fouet jusqu'à ce qu'il apporte le bois. C'est là, je le répète,

mon seul collier de force, je n'en ai jamais eu d'autre, et n'ai pas trouvé un chien rebelle jusqu'au bout à mes leçons.

Le chien sait-il bien saisir et apporter le morceau de bois, comme pour l'os, je le jette sans qu'il s'en aperçoive et je lui dis : *Cherche! Apporte!* en le conduisant d'abord dans l'endroit où se trouve le morceau de bois. Petit à petit, j'éloigne de plus en plus le chien du lieu où est le morceau de bois, en lui disant toujours : *Cherche! Apporte!* Il finit par le trouver parfaitement, et, à l'ouverture de la chasse, cette habitude lui fera découvrir facilement les cailles et les perdrix tombées sans qu'il le vît.

Pour dresser un chien à aller à l'eau et à bien nager, il faut, en été quand l'eau est douce, et dans un endroit où il a pied, lui jeter un morceau de pain, d'abord à un ou deux mètres du bord, mais toujours où il a pied; on éloigne de plus en plus le morceau de pain, jusqu'à ce que le chien se mette à la nage. Cette leçon, réitérée souvent avec une douceur persuasive, décide le chien à passer la rivière et à nager sans fatigue. Jamais un chien ne doit être jeté à l'eau, si l'on veut qu'il s'y élance de lui-même et qu'il s'habitue à nager.

Si je veux empêcher un chien de forcer l'arrêt, je lui tire, toutes les fois que l'occasion se présente, le gibier à terre devant le nez; il comprend alors qu'il ne doit jamais forcer l'arrêt.

Il arrive quelquefois qu'un chien redoute la détonation du fusil; mon remède consiste à tirer auprès de lui des coups de pistolet, souvent et à l'improviste. S'il y avait un exercice à feu, ce qui se présente fréquemment dans les villes de guerre, la leçon serait encore meilleure.

Pour faire un bon chien d'arrêt qui a déjà passé à toutes les classes, je m'occupe de lui depuis le premier août jusqu'au quinze avril. Le mois d'août se passe à le faire apporter, afin de le préparer pour l'ouverture de la chasse. En septembre, je lui apprends à passer dans les empouilles, garennes, buissons, haies ; le chien doit toujours passer au bon vent, d'un côté de la haie, et le chasseur de l'autre, au mauvais vent. Il doit toujours avoir un grelot ; quand on n'entend plus le grelot, le chien est en arrêt, le gibier s'est dérobé du côté du chasseur. Si le chien est bien commandé, pour la fin de septembre il saura passer dans les garennes, haies et buissons, en prenant toujours le bon vent; il en fera autant dès qu'il apercevra un couvert.

Le chasseur n'oubliera jamais qu'il doit aussi tout employer pour faire prendre le bon vent à son chien, lorsqu'il se rend à la remise du gibier.

Au mois d'octobre, je chasse dans les forêts les perdrix qui s'y sont retirées pour échapper aux dangers de la plaine et se mettre à l'abri des grandes chaleurs. Je trouve à la même époque les bécassines dans les marais et les canards aux étangs. En novembre, je tire les bécasses au cul-lever dans les forêts. Décembre et janvier amènent les canards aux rivières, les bécasses aux fontaines qui ne sont pas gelées dans les forêts, et les bécassines aux ruisseaux qui serpentent à travers les prairies. Février fait revenir les canards aux rivières. En mars, quand le froid du commencement de ce mois retarde le passage, il a lieu en abondance à la fin du même mois et du 1er au 15 avril. Le chien d'arrêt trouve de nouveau les bécasses dans les forêts, les bécassines aux marais, les canards, marcanettes, sarcelles sur les rivières, et les pluviers et vanneaux dans les prairies où l'eau a débordé. S'il a gelé le matin, le gibier se laisse approcher plus facilement par le chasseur. C'est dans ces six dernières semaines que le chien d'arrêt finit son éducation, il apporte par principe tous les jours du gibier de toute espèce à son maître. On peut alors l'appeler un chien dressé, et pendant la seconde année, bien commandé, il ne passera pas les remises du gibier et ne fatiguera pas son maître.

Arrivé à sa troisième année de chasse, on peut en faire un limier et un chien d'attaque pour le sanglier et le loup. Tels étaient Médor, dont j'ai déjà parlé, qui a fini ses jours à dix-huit ans chez M. le comte d'Herbemont; et Castor, chien d'arrêt demi-griffon, mort à dix ans chez M. le comte d'Imécourt. J'ai fait une grande destruction avec ces deux chiens, qui ne me perdaient jamais le gibier blessé.

Si vous vous promenez en voiture, à cheval ou à pied avec votre chien d'arrêt, il est essentiel de l'empêcher de courir la plaine, où n'étant pas surveillé, il contracterait de mauvaises habitudes qu'il apporterait à la chasse; il faut l'assujétir à suivre les chemins.

Pour faire passer un chien de la théorie à la pratique, il est bon de le conduire en chasse d'abord avec un cordeau; et de lui faire ainsi connaître le gibier et l'apporter. S'il refuse de le prendre, on le lui met à la gueule en lui parlant, comme s'il n'avait pas encore passé par les trois classes. Souvent il s'amuse à serrer le gibier; on le tire alors par le cordeau en lui parlant sévèrement; continue-t-il, on lui donne une correction, et on lui fait apporter la pièce de gibier sans remuer la mâchoire, comme il faisait avec le bâton, l'os et le chevalet.

Ne négligez pas de tenir votre chien pendant la première année dans les leçons que j'indique. La deuxième année, vous le laisserez travailler librement tout en le surveillant; il prendra de lui-même, avec plaisir, la manière de trouver le gibier et de manœuvrer comme il faut. J'ai eu des chiens auxquels je n'avais pas même besoin d'adresser la parole; un signe suffisait à tout ce que je demandais d'eux. J'y trouvais deux avantages : le premier, de ne pas effaroucher le gibier par la voix ou le sifflet; le second, de pouvoir me servir pendant un certain temps encore d'un chien atteint de surdité pendant sa vieillesse.

Un chien d'arrêt dressé, après avoir passé par les trois classes, connaît la remise du gibier, et dès la seconde année récompense son maître des soins qu'il lui a donnés.

Voici, en résumé, les qualités qui constituent le chien d'arrêt parfait :

1° Apporter le gibier sans le fouler sous la dent ;

2° Venir s'asseoir devant son maître en levant la tête pour lui donner la pièce qu'il porte à la gueule ;

3° Rester aux pieds de son maître jusqu'à ce que le fusil soit rechargé ;

4° Ne forcer jamais l'arrêt ;

5° Ne pas courir la perdrix ou tout autre gibier qui vole, après le coup de fusil ;

6° Obéir au coup de sifflet, ou mieux encore au geste, pour se rapprocher quand il s'éloigne, et voir la direction qu'il doit suivre par l'indication de la main, au commandement : *Passe par là !*

7° Trouver au mois d'octobre les perdrix dans les taillis, et indiquer leur arrêt par l'immobilité d'un grelot suspendu à son cou ;

8° Faire découvrir, fin d'octobre et pendant novembre, les bécasses en forêt et les bécassines au marais ;

9° Se jeter résolûment à l'eau au-devant du canard ou de tout autre gibier aquatique, et revenir à la rive en apportant la pièce à son maître ;

10° N'approcher de la rive que derrière son maître et avec la plus grande prudence.

CHASSE AU CHIEN D'ARRÊT.

J'avais trois chiens d'arrêt, dressés par moi par principes : deux pour mon maître, afin d'en avoir un de rechange, et un pour moi. A l'ouverture de

la chasse, mon maître donnait l'endroit où il voulait chasser, et nous convenions de la direction
que nous devions suivre. A la fin du mois de septembre, mon maître ne chassant plus en plaine, je
chassais seul, un jour au chien d'arrêt pour garnir
le garde-manger, et le deuxième jour avec mon
maître, au chien courant. Chaque fois que je par-
courais la plaine avec mon chien d'arrêt, s'il se
trouvait une mare ou un endroit marécageux, j'en
faisais la visite pour m'assurer si je n'y trouverais
pas une bécassine; quelquefois je rencontrais un
lièvre dans les herbes qui croissent au bord de la
mare ou dans les petits marais. Je reconnaissais
aussi par les piqûres et fientes, si les bécassines
fréquentaient cette mare, ces petits marais ou un
coulant d'eau dans les prairies dont l'herbe est
suffisante pour la remise. J'avais soin aussi d'examiner si je voyais dans la mare, des plumes des
canards qui venaient des étangs s'y poser à la
tombée du jour pour y passer la nuit, et je cher-
chais un endroit commode où mon maître pût
venir les tirer à l'affût.

Avant de passer au garde-manger pour y vider
ma carnassière, je rendais compte à mon maître
du résultat de ma chasse.

Quand j'avais la plaine d'une commune, je reconnaissais les meilleurs endroits par les places où
les perdreaux et les cailles avaient gratté et laissé
des plumes, ce qui me perdait moins de temps et
m'était avantageux pour une autre fois.

Aux mois de novembre et décembre, à partir

des premières gelées, je suivais les ruisseaux dans les prés, quand je chassais les bécassines. Dans les grands marais, les plumes des canards et des marcanettes me marquaient l'endroit où je devais les attendre à l'affût après ma chasse faite. Jusqu'au moment des gelées, les canards, marcanettes, sarcelles, sont le jour sur les étangs, et sortent le soir, à la brune, pour passer la nuit dans les marais et les mares. Dans la plaine, je les affutais aussi le matin aux étangs.

Aux premières gelées, le premier jour, je suivais les petits ruisseaux des petites prairies, où il y avait des endroits recouverts d'herbes, qui n'étaient pas gelés. Je chargeais un coup de mon fusil de n° 9 pour les bécassines, et l'autre de n° 4 ; souvent il me partait un lièvre dans les herbes sur le bord du ruisseau.

Le 2e jour, je recommençais la même tournée que j'avais faite la veille, mais, connaissant les remises, je perdais moins de temps. Je ramassais le reste des bécassines que j'avais laissées la veille.

Toujours tenir son chien d'arrêt près de soi ; laisser traîner le grand cordeau qui soit arrêté d'un nœud pour ne pas lui serrer le cou. Chaque fois que le chien avance trop devant son maître, il met le pied sur le cordeau qui l'arrête. Le chasseur doit toujours avoir son fouet de chien d'arrêt, le manche de trente-trois centimètres de longueur, et la mèche de la même longueur, avec une courroie qui tient au manche. Le fouet est suspendu au poignet de la main gauche, pour maintenir son chien dans cette chasse et réussir à lui faire apporter du gibier.

Le 3e jour de la gelée au bois, la bécasse arrive aux fontaines qui ne sont pas gelées : j'y vais deux jours de suite, toujours tenant mon chien à quelques pas devant moi. Ce sont des bécassines et bécasses qui veulent passer l'hiver dans cette position-là ; on en voit plus qu'au repassage du mois de mars.

'Après mes deux jours de chasse au bois aux bécasses, je chasse les canards un jour aux rivières, toujours en tenant mon chien d'arrêt derrière moi; un autre jour, au chien courant, le chevreuil ou le lièvre; un autre jour, chasse au sanglier avec les chiens désignés pour les sangliers et qui sont découplés sur la brisée.

Au repassage des canards par les grands dégels de février, ils se mettent dans les grandes eaux. J'avais mes bottes qui montaient jusqu'à l'enfourchure, et ma blouse imperméable par tous les plus mauvais temps. C'est là qu'on réussit le mieux, le canard se méfie moins, et tout le gibier de passage en général. Je m'affûte au milieu des eaux; le soir ou le matin à la pointe du jour j'étais à l'affût; les canards changeaient de position. L'affût du matin est plus avantageux que celui du soir; le soir, la nuit arrive, il fait trop obscur; le matin, au contraire, le jour vient.

Vers le 10 de mars, je commençais à chasser la bécassine et souvent je trouvais pluviers et vanneaux. Quand je voyais par les plumes qu'ils y laissaient, un endroit convenable pour y rester à l'affût le soir après ma journée de chasse, je m'y rendais. Un autre jour, j'allais aux bécasses à la forêt : j'avais soin de visiter les mares où il y avait de l'eau, surtout quand la lune donnait le soir. Si j'y voyais des plumes, j'allais m'y mettre à l'affût, chaque coup de fusil j'abattais mon canard; j'allais deux fois au même affût.

Si je connaissais une autre mare fréquentée par les canards, je m'y rendais le soir quelques jours après. Je passais aux marais; si j'y voyais du nouveau, je recommençais l'affût; au bois le canard est moins méfiant.

Sur la fin de mars, les canards, sarcelles, marcanettes, se mettent au bois le jour; on peut les affûter le matin. La bécasse prend ses positions pour nicher pendant les derniers jours de mars; les canards, sarcelles, marcanettes, bécassines, et tout le gibier de passage après le 15 avril. Tous les jours, à la rentrée de mes chasses, j'en rendais compte à mon maître; je lui disais l'endroit du rendez-vous.

Je sortais tous les jours les trois chiens d'arrêt les uns après les autres; deux limiers les uns après les autres; les mâtins, chiens courants pour les sangliers, chiens courants pour chevreuil et lièvre. Aussi savait-on où il fallait aller pour trouver toute espèce de gibier.

Le gibier de passage reste posé à l'avantage du chasseur, et il est moins méfiant par le mauvais temps.

3° *Limier.*

Le limier est l'auxiliaire indispensable du piqueur. Quand on a un bon limier, de la bonne volonté, de l'intelligence et de la pratique, on devient
toujours bon piqueur. Pour faire un limier, pre-
nez un chien de trois ou quatre ans, n'importe
l'espèce et même la taille, qui chasse le sanglier,
mais sans donner de voix de rapproche. — Voici
comment on le dresse à détourner et à remettre :
un jour où il sera tombé de l'eau la veille, et non
pendant la nuit, le piqueur ira à la forêt où il sait
que se trouvent des sangliers. En y entrant il
mettra au cou de son chien un cordeau de douze
pieds, et puis il lui dira : *passe devant !* Il aura
pour faire marcher le chien un fouet, fait exprès,
de deux pieds de long, mèche comprise ; il choi-
sira un sentier ou chemin boueux sur lequel on
peut revoir des traces ; si le chien veut entrer au
bois sans que le piqueur ait remarqué des traces
qui y conduisent, il lui donne une saccade avec le
cordeau ; s'il se rabat sur une trace de lièvre ou
de renard, il lui donne, pour le rebuter, la même
saccade ; le chien apprend par là qu'il ne doit pas
s'occuper de ce gibier ; mais quand le piqueur a
trouvé la rentrée d'un sanglier ou d'un loup, il la
suit avec le chien et il fait environ cent pas dans le
bois ; il retourne ensuite sur la trace et il fait rabattre le limier sur le contre-pied de l'autre côté
du chemin. Le piqueur agit ainsi pour faire goûter
la voie par le limier ; ensuite il prend le devant de

la voie par un autre chemin, et quand il l'a retrouvée, il agit encore de même. Si le piqueur
peut remettre le sanglier dans une enceinte, il la
perce à trait de limier jusqu'à ce qu'il ait fait lever
le sanglier ; cela animera le chien. Pour apprendre
au limier à bien connaître les ruses du sanglier et
à bien travailler, il faut souvent percer avec lui les
grands taillis. C'est quand il est suffisamment ins-
truit qu'on lui met la botte, morceau de cuir de
trois pouces de large sur six de long, qui tient au
cordeau de dix à douze pieds. Cependant, pour
l'empêcher de devenir paresseux, il faut, de temps
en temps, le découpler sur le sanglier et le faire
chasser avec les autres chiens.

On doit prendre un chien qui ait deux ans de
chasse pour faire un limier, et choisir le meilleur
de la meute, celui qui connaît les ruses du gibier.
Souvent, pour se bauger, le sanglier suit un chemin, puis revient sur son contre-pied, pour rentrer dans l'enceinte, c'est-à-dire au rembûchement. Le limier, qui sent la ruse du gibier, se
retourne et donne la rentrée au bois, qui s'appelle
la bonne brisée.

Par la neige, le vrai piqueur prend son limier,
s'il n'est pas entièrement dressé, pour lui donner
de bonnes leçons, en lui faisant suivre la trace et
redresser les rembûchements.

Il faut faire les bois, c'est-à-dire la reconnaissance, la veille de la chasse. Le piqueur prend son
valet de chiens, pour que celui-ci connaisse les
bois et les rendez-vous, et apprenne à conduire le

4

limier. Le soir arrivé, le piqueur rend compte à son maître de l'endroit où il a connaissance des sangliers. Le rendez-vous est fixé pour onze heures du matin. Le jour de la chasse, il prend un homme qui connaisse bien les bois pour aller au rapport et pour conduire les chasseurs à un autre rendez-vous plus rapproché de la brisée. Pendant que cet homme amène les chasseurs, le piqueur, sans perdre de temps, fait sa brisée d'attaque.

§ 5. — RACES DE CHIENS LES PLUS PROPRES A LA CHASSE.

C'est à l'absence des éperons ou onglets aux pattes de derrière qu'on reconnaît la pureté de race des chiens, tant ceux courants que ceux d'arrêt. Attachez-vous à la race pure, car pour tant faire que de dépenser son temps et son argent à élever un chien, il faut du moins avoir des garanties de sa bonté.

1° *Chiens courants, corneaux, mâtins.*

Pour chasser le loup, le chien courant le plus convenable, c'est le chien normand, qui est celui des grands équipages ; par sa grande taille, par sa forte voix, il intimide le loup, et même il lui fait perdre de ses moyens ; si on a un relai, le loup est tué ou forcé. Les chiens courants anglais dont la race a été formée par le chien normand croisé avec le lévrier qui a du nez chassent très-bien, surtout le chevreuil, et même sans relai ils le forcent en une heure ; mais ils ont moins de voix, ce qui, dans les grandes forêts, expose le chasseur à perdre la chasse. Le chien du Poitou est dur, d'une bonne taille et d'une voix assez forte; il résiste mieux au froid et aux fatigues de la chasse que le chien normand, et surtout que le chien anglais. C'est avec lui qu'on chasse le mieux le sanglier et surtout les bêtes de compagnie. Au ferme, il montre beaucoup d'ardeur, de courage et de persistance. Le chien ardennais est de moyenne taille, robuste et d'un bon pied; il a la voix peu forte et cependant chaude et sonore; il a le mérite de ne pas trop inquiéter le gibier; il est surtout propre à la chasse du lièvre et du renard; cependant, il ne force pas souvent.

Les corneaux ou métis du chien courant et du chien d'arrêt sont avec avantage employés à la chasse des gros sangliers; ils ont plus de nez que les mâtins sur les voies froides, et ils donnent des voix de rapproche; ils attaquent franchement le sanglier à la bauge, lui tenant ferme jusqu'à ce qu'il se mette sur pied; après, ils le suivent et ils le chassent longtemps.

Les mâtins sont, en général, des chiens de garde des bêtes à cornes, ce qui les a accoutumés à la hardiesse et à mordre. On ne les découple qu'après l'attaque par les corneaux, parce qu'ils ont peu de nez, mais c'est sans hésiter qu'ils suivent le sanglier lancé; s'il fait ferme, ils le coiffent quand ils se sentent soutenus par le piqueur. Cependant, aux corneaux et aux mâtins, il est bon de joindre des roquets, surtout des carlins bâtards, espèce hargneuse et méchante. Au ferme, dans des endroits fourrés, ils ont plus de retraite que les gros chiens, et même ils les y soutiennent.

C'est la réunion des corneaux, des mâtins et des roquets qui constitue et complète la vraie, la bonne chasse du gros sanglier aux mâtins.

2° Chien d'arrêt pour la plaine et le marais.

Les meilleures races de chiens d'arrêt sont les griffons, les braques et les chiens anglais. Les épagneuls leur sont inférieurs parce que, s'échauffant trop vite à cause de leur poil épais, ils perdent facilement de leur nez. Les griffons et demi-griffons résistent aussi bien au froid qu'à la chaleur; ils sont d'une santé robuste, et conviennent plus particulièrement à la chasse au marais, sur les rivières et étangs, où ils nagent bien. Les braques sont ceux qui chassent le mieux en plaine; ils ont bon nez, mais, trop ardents, ils donnent plus de peine au chasseur. Les chiens anglais sont délicats; ils ne peuvent endurer le froid et ils refusent d'entrer à l'eau, même en été; en outre, ils ne rapportent que difficilement et ils ont la dent dure, ce qui nécessite le collier de force; mais ils sont très-vites, ils ont le nez très-fin, et ils arrêtent de bien plus loin que les autres chiens. C'est dans les plaines couvertes de bruyères ou de genêts qu'ils font le meilleur service. Tout bien considéré, ce sont les chiens griffons, ou plutôt demi-griffons que je préfère, parce qu'ils sont plus durs, et qu'on les emploie à tout, même à attaquer le sanglier et quelquefois le loup.

Les meilleurs chiens par moi rencontrés étaient :
1° En fait de chiens courants, sans compter Faraud, Renfort, Matador, Miraud et Bravo dont j'ai parlé, Ramoneau, ardennais, chez M. d'Ervillé; Bordeaux, ardennais, chez M. le général Piré; Ramette et Généraux, griffonne et ardennais, chez M. le comte de Broyes ; Soliveau, normand-ardennais, chez M. Bénaumont ; Rustau, poitevin, chez M. le comte d'Herbemont. — 2° En fait de limiers et de mâtins, sans compter Raton, Médor, Pataud, Mastoc, Turc, Picard, Brissac et Mascarau dont j'ai déjà parlé, Dragon et Canon, mâtin et griffon, chez MM. Grosselin ; Blaise, corneau, chez M. Rousseau ; Tant-Beau, corneau, chez M. de Boullenois; Ronfleau, ardennais, chez M. Drappier, j'ai maintenant Picard, chien de berger, qui est un bon limier. — 3° En fait de chiens d'arrêt, sans compter Carreau, Médor et Arrêt dont j'ai déjà parlé, Sultan, braque à nez fendu, chez M. le comte d'Imécourt ; Pyrame, braque, chez M. le comte de Broyes ; Brillant, anglais, chez M. Gérard de Melcy, à Chéhéry (Ardennes); Clio, anglaise, chez M. Allaire, aux Francs-Fossés (Ardennes); Castor, griffon-braque, chez M. Rousseau (ce dernier était un autre Médor : comme lui tout à la fois parfait chien d'arrêt, chien de bois et même limier), Castor est l'un des élèves qui m'aient fait le plus d'honneur.

Voici le nom des personnes pour lesquelles j'ai dressé des chiens d'arrêt :

Dans le département des Ardennes :

M. de Sugny, à Chooz, près Givet ; — chien braque français ;

M. le comte de Broyes, à Jandun, près Launois ; — chien braque français ;

M. Desrousseaux, à Monthermé ; — chien braque français ;

M. Alexandre Lescuyer, à Mézières ; — chien braque français ;

M. de Boullenois, à Senuc, près Grandpré ; — chien braque français ;

M. Allaire, aux Francs-Fossés, près Bouconville ; — chien anglais métis ;

M. Auguste Gérard de Melcy, à Chéhéry ; — chien anglais ;

M. le général Nicolas, à Remonville, près Buzancy ; — chien braque ;

M. Husson, à Raucourt ; — chien anglais.

Dans le département de la Meuse :

M. de Crochart, payeur général, à Thonne-les-Près, près Montmédy ; — race d'Espagne ;

M. le comte d'Herbemont, au château de Charmois, près Mouzay ; — chien braque ;

M. Garnier, à Cessage ; — chien braque ;

M. le comte d'Imécourt, à Louppy, près Stenay ; — chien braque.

Dans le département de la Marne :

M. le général Piré, à Châlons ; — anglais métis ;

M. Moët, à Epernay ; — chien braque.

ARTICLE 4.

LE FUSIL. — PRÉCAUTIONS A PRENDRE.

———

Un bon chasseur doit, le moins possible, changer de fusil. Je tiens à mon pauvre vieux de cinquante-cinq ans dont j'ai l'habitude ; je connais ses défauts et ses qualités ; aussi, je ne l'échangerais pas pour un neuf, si beau qu'il puisse être.

Si, depuis plus d'un demi-siècle que je n'ai cessé de faire usage du fusil, il ne m'est jamais arrivé d'accident ni sur moi ni sur les autres, grâce à Dieu, c'est parce que, me méfiant des armes à feu, j'ai toujours été prudent ; mais de combien d'imprudences et même de malheurs n'ai-je pas été témoin ! Ainsi, dans une chasse au sanglier, j'ai vu un père tué par son fils !

Vétéran de la chasse, je ne saurais donc trop recommander les précautions aux jeunes chasseurs. La première doit s'appliquer à l'état du fusil. J'ai pu conserver si longtemps le même fusil, parce que je l'ai toujours soigné et convenablement chargé. Chaque soir, en rentrant de la chasse, j'examine bien son état, je l'essuie partout et le place dans un endroit chaud où il séchera ; le lendemain, j'y passe la pièce grasse ; pour les batteries, je me sers, trois ou quatre fois par an, d'huile de beurre, qui empêche le cambouis.

Je charge en posant mon fusil à terre, la crosse entre mes jambes et le bout porté d'environ deux

pieds en avant de mon visage ; je verse les deux
coups de poudre et bourre bien serré ; après, je
mets les deux coups de plomb et ne serre que légèrement, car le plomb trop bourré s'écarte ; je
n'amorce qu'après le chargement complet. La
grosseur du plomb ne me fait pas augmenter la
quantité de la poudre ; seulement, en hiver, j'a-
joute un grain à mon coup, parce que j'ai reconnu
que l'effet de la poudre est diminué par l'humidité.

A la chasse en plaine ou au marais, je marche en
tenant des deux mains en avant mon fusil armé ;
indépendamment de ce que cette position me
permet de mettre plus vite en joue, elle m'offre
l'avantage de ne pas inquiéter mon voisin de
gauche si je ne chasse pas seul. Quand, en plaine
ou au marais, je tue une pièce de gibier et qu'il me
reste un coup, je désarme avant de prendre à la
gueule du chien. Quand je recharge le coup tiré,
aussitôt la poudre bourrée et avant de mettre le
plomb, je pose à fond la baguette dans le canon
resté chargé ; cela m'empêche de me tromper et
en même temps je vérifie, par la hauteur de la baguette, si mon nouveau coup est bien chargé. Si,
par hasard, un grain de plomb tombe dans le canon
qui reçoit la baguette, il faut de suite renverser le
canon en conservant la baguette immobile.

A la chasse aux chiens courants, si j'ai tué ou fait
forcer, tout aussitôt je désarme, et je crie à l'hallali
pour appeler les autres chasseurs. A leur arrivée,
je les prie de désarmer aussi, car, dans ce moment
de précipitation, surtout s'il s'agit d'un sanglier à

achever, un accident peut très-bien survenir, et j'en ai vu.

A la chasse sur un étang ou une rivière, il ne faut pas oublier que le plomb qui ricoche en touchant l'eau obliquement peut devenir dangereux pour un voisin, si l'on n'a pas calculé cet effet en tirant.

Ne jamais tirer sur les chemins, parce qu'un plomb qui a touché une pierre ricoche et peut aller blesser quelqu'un ; on ne tirera qu'avant ou après les chemins.

CHAPITRE 2.

CHASSES DIVERSES.

SECTION 1re. — Animaux nuisibles.

ARTICLE 1er.

LE SANGLIER.

Je m'occupe d'abord de la chasse du sanglier parce qu'elle est, selon moi, la plus intéressante de toutes, ne fût-ce qu'à cause des dangers qu'y courent les chiens et les chasseurs eux-mêmes, mais seulement quand il leur manque l'expérience, le sangfroid et la prompte décision, car moi qui, en ma vie, ai bien tué, soit à coup de fusil, soit de mon couteau de chasse, trois cents sangliers dont

4*

beaucoup étaient très-redoutables, je n'en ai cependant jamais été blessé. Quand je voyais qu'un
gros sanglier arrivé sur ses fins allait devenir dangereux pour mes chiens, voici comment je m'en
débarrassais : si, blessé, il prenait encore fuite devant les chiens en faisant ferme de temps en temps,
je lui tirais mon premier coup à balle en dessous de
l'épaule; si, fortement blessé, il ne pouvait plus
prendre fuite et néanmoins était encore trop dangereux, je m'en approchais avec précaution, et je
le tirais sous l'oreille; souvent alors il me chargeait
moi-même, et je le tirais au front; mais si je ju-
geais qu'il n'était plus trop dangereux, je comman-
dais à mes chiens de le coiffer ; dès qu'il l'était,
passant bien vite derrière lui, je l'achevalais d'un
saut, saisissant en même temps ses deux oreilles,
et puis, l'échappant de la main droite, je le saignais
à la gorge avec mon couteau-poignard comme on
fait pour un cochon. Une fois qu'on est sur le sanglier, il ne peut plus blesser comme si on était à
côté. Tout aussitôt la mort, je coupais les *suites*,
parce qu'autrement le sanglier n'aurait pas été
mangeable, et puis je faisais la curée.

Après cela, je devais immédiatement m'occuper
des chiens blessés. Souvent j'ai vu avec admiration
et pitié ces pauvres bêtes, les boyaux sortis du
corps et pendants jusqu'à terre, s'acharner encore
au sanglier. Les vieux chiens blessés se laissent
opérer et panser sans faire un mouvement; on dirait même qu'ils vous remercient.

J'ai pour cela toujours sur moi ma trousse, du

fil et du linge; je me sers même quelquefois de
mon mouchoir si le chien est fortement décousu.

La curée doit être faite aussitôt après la mort du
sanglier; on coupe même ses *suites* quand il tres-
saille encore : c'est la première opération. On le
fend en deux longitudinalement sur le ventre pour
en extraire le foie et le reste des intestins qui ne
doivent plus y rentrer. Le corps doit être parfaitement nettoyé pour que la venaison soit bonne,
quand même il s'agirait d'un vieux sanglier.

Le sanglier passe sa journée dans le plus épais
des forêts, préférant les lieux humides au milieu
desquels il établit sa bauge qu'il quitte le soir ou
seulement dans la nuit, pour aller en forêt ramasser des fruits sauvages, fouiller aux racines et ver-
miller. Bien souvent aussi il sort la nuit, plus ou
moins tard selon les saisons, pour se jeter dans les
récoltes qu'il ravage sans ménagement. Alors c'est
un animal véritablement malfaisant qu'il faut détruire par tous moyens. Si la nourriture lui manque
dans un pays, ou bien s'il s'y sent trop poursuivi,
il passe à un autre souvent très-éloigné. Seule
de toutes les femelles des animaux, la laie chassée
ne retourne pas à ses marcassins; ce sont ceux-ci
qui, si jeunes qu'ils soient, vont la rejoindre en
prenant sa piste dès qu'ils n'entendent plus le
bruit de la chasse. Je suis certain de ce fait étrange
pour l'avoir bien des fois remarqué. Il faut donc
rester au poste où la laie est passée, pour y attendre les marcassins.

Chaque fois que l'enceinte peut être entourée

par les chasseurs, si l'attaque a lieu sur une troupe
de bêtes de compagnie, elles éventent les chasseurs;
quelques-unes et quelquefois même une seule sont
suivies par les chiens; mais une demi-heure après
que l'enceinte est vidée, le reste de la troupe se
rallie, suivant la direction de la chasse.

. Le sanglier est *marcassin* jusqu'à quatre mois,
— *bête rousse* de quatre à huit mois, — *bête de
compagnie* de huit mois à deux ans, — *ragot* ou
vrai sanglier de deux ans à trois. Alors, il va seul et
il est très-dangereux pour les chiens. De trois à
quatre ans, il est *tiers-ans*, — de quatre à cinq
ans, *quartanier*, — après cinq ans, il passe vieux
sanglier ou *solitaire*. On juge de la taille, du sexe
et même de l'âge du sanglier à la trace ou empreinte du pied ; ainsi, la laie a le pied de devant
mince, et à celui de derrière les pinces sont plus
écartées ; le ragot a le pied un peu plus épais avec
des pinces effilées. — Règle générale : les vieux
sangliers se reconnaissent à la plus grande épais-
seur du pied, à l'usure et au raccourcissement des
pinces ; plus ils ont d'âge, plus le pied est épais et
court. On juge aussi de la taille et de l'âge à l'im-
pression de la hure aux boutis, ou trous qu'ils font
dans la terre lorsqu'ils fouillent aux racines et aux
vers, ou bien par la largeur et la profondeur du lit
à la bauge, ou enfin par le plus ou moins de grosseur des laissées.

Si le sanglier a une mauvaise vue, il en est dé-
dommagé par une grande finesse d'ouïe et d'odorat ; il est très-défiant et même très-rusé. On le

chasse de plusieurs manières : il y a d'abord la
grande chasse avec des équipages en règle ; il y a
la chasse aux mâtins ; il y a aussi la battue. Je
puis parler de toutes pertinemment, car je les ai
très-pratiquées. Mais, pour toutes ces chasses,
il faut d'abord détourner et remettre. A l'article
du piqueur, ayant expliqué comment cela se pratique, j'y renvoie le lecteur. Le piqueur qui sait que
le sanglier se tient ordinairement dans les endroits
des bois les plus fourrés, doit commencer par faire
la lisière des vieux taillis pour trouver la voie qui
rentre dans les taillis plus jeunes. Le sanglier ne
fait ordinairement dans ces taillis que deux enceintes, trois au plus, et puis il se remet à la
bauge. Le piqueur refait les sentiers pour détourner au plus près possible, et ensuite il se retire
après avoir fait la bonne brisée.

§ 1er. — CHASSE DU SANGLIER AUX CHIENS COURANTS
A PIED OU A CHEVAL.

Ne donnez aux chiens courants que les bêtes de
compagnie ; gardez les gros sangliers pour les
mâtins, car, s'il y a danger, il vaut mieux ne compromettre que les chiens qui ont le moins de valeur. D'ailleurs les mâtins savent toujours mieux
que les chiens courants faire retraite et se garantir
quand ils sont chargés par les gros sangliers.

Au moment fixé pour l'attaque, le piqueur place
le valet à cent pas de la brisée avec les chiens non
encore affranchis, tenus par lui couplés, mais préparés à être facilement découplés aussitôt qu'il

aura entendu l'attaque. Il est bon aussi que le piqueur ait envoyé un relai de chiens du côté d'où est venu le sanglier; il en a eu connaissance en faisant la quête. Les chasseurs ont été placés autour de l'enceinte; il y en a aussi au grand passage, c'est-à-dire à la brisée d'attaque; ils s'y tiendront tant qu'ils n'auront pas acquis la conviction que le sanglier, débûché de l'enceinte, a pris une autre direction.

C'est seulement après toutes ces précautions qui assureront le succès de la chasse, que le piqueur doit découpler à la bonne brisée, c'est-à-dire la plus rapprochée de la bauge. Dès qu'il a entendu l'attaque, le valet découple aussi ses chiens. A l'attaque, le piqueur sonne tout aussitôt la fanfare du *lancé,* puis celle du *sanglier,* ensuite et chaque fois qu'il arrivera devant la chasse, il sonnera des *bien allé,* tant pour apprendre aux chasseurs que la chasse continue régulièrement, que pour faire retourner le sanglier. Quand le sanglier a débûché de l'enceinte, les chasseurs qui l'entourent doivent suivre la chasse le plus promptement possible, afin de regagner et courir aux passages connus. Quand le sanglier quitte la forêt, le piqueur sonne le *changement de forêt* et, de temps en temps, le *bien allé* ou la *vue.* Si le sanglier traverse une rivière, le piqueur sonne l'*eau;* s'il entre dans un étang, le piqueur prend le devant, sonne et resonne l'*eau,* en se portant vivement tout autour de l'étang pour empêcher le sanglier d'en sortir, et donner aux chasseurs ainsi

qu'à la meute le temps d'arriver. C'est le moment
le plus intéressant de la chasse; aussi tous les
chasseurs doivent-ils se précipiter pour assister au
dernier combat du sanglier, à sa mort, et voir la
curée.

Les chasseurs se hâteront d'entourer l'étang; on
laisse arriver tous les chiens qui se jettent à l'eau;
le sanglier se défend de son mieux; les chasseurs
tirent et on va chercher dans l'étang la bête tuée.
Après, on sonne l'hallali et on fait la curée. Mais si
le sanglier n'a pas à trouver d'étang ou de mare
dans sa grande fuite, c'est dans un fourré qu'il fait
ferme aux chiens. Le piqueur doit gagner au plus
vite cet endroit où il sonnera des *fermes* jusqu'à
l'arrivée des chasseurs. Quelquefois cependant les
chasseurs ont perdu la chasse; la nuit arrive; il ne
faut pas s'exposer à voir blesser les chiens inutilement, ou même à laisser échapper le sanglier
qu'on tient. Alors, le piqueur ne sonne plus; il
descend de son cheval qu'il attache à une branche,
tue le sanglier et en fait la curée.

Lorsque le temps est sombre et mauvais, ou le
vent violent, et quand il y a des rafales de neige
sur le bois ou une pluie abondante, les sangliers
font ferme à chaque instant. Les fermes sont, au
contraire, d'autant plus rares que le temps est
calme et serein. Le chasseur qui va au ferme doit
toujours appuyer les chiens pour leur donner confiance d'être secourus. Il faut toujours tirer le sanglier au ferme, quand il se retourne, en lui pla-
çant la balle au défaut de l'épaule, dans les côtes

supérieures. S'il charge sur vous, il faut lui planter la balle au milieu du front ou mieux entre les yeux.

§ 2. — CHASSE DU SANGLIER AUX MATINS.

Les mâtins n'ayant pas le nez des chiens courants, il faut avec eux remettre de tout près pour attaquer. L'enceinte étant entourée, le piqueur y entre pour appuyer ses mâtins et leur donner confiance, car, s'ils ne se sentaient pas forts de la présence et de l'appui de leur maître, bien souvent, surtout quand ils savent qu'ils vont avoir affaire à un gros sanglier, ils n'attaqueraient que timidement et même pas du tout, parce qu'ils redoutent naturellement l'animal. — Les plus gros chiens ne sont pas toujours ceux qui s'affranchissent le mieux de cette terreur; je dirai même que ce sont les petits qui, dans les endroits les plus dangereux, soutiennent les gros, parce que les petits, quand ils se voient chargés, trouvent plus facilement retraite; mais il est bon d'avoir les uns et les autres. Ainsi Raton, dont j'ai parlé, aidait parfaitement Pataud, et Pataud, à son tour, secourait Raton. — Les mâtins ne fournissant guère de voix, il faut toujours poster les tireurs à l'enceinte. Cependant, s'il y a quelques tireurs de trop, on fera bien de les placer en deuxième ligne au grand passage où ils se tiendront en attendant comme je l'ai déjà dit. Un valet doit également se tenir à quelques pas de la brisée pour découpler, dès l'attaque, les chiens non encore affranchis. Les

mâtins bien dressés profitent du passage de la bête
dans les parties claires de la forêt pour la saisir
aux oreilles, ou aux testicules, seuls endroits par
lesquels on peut l'arrêter. Souvent le sanglier
dans sa fuite fait ferme et repousse les chiens jusque sur le piqueur. S'il s'agit d'un sanglier dangereux, le piqueur n'a pas à exposer inutilement
la vie de ses chiens; il faut qu'il arrive au plus
vite pour les soutenir, qu'il tue le sanglier et de
suite qu'il en fasse la curée. C'est la curée qui est
la récompense des chiens; si on la leur donne
franchement, ce sera les encourager à se conduire
de mieux en mieux dans de nouvelles rencontres.
Il m'est arrivé bien souvent, ayant perdu la chasse,
de retrouver mes mâtins qui, comptant sur moi
et sur la curée, faisaient ferme depuis deux heures.
Aussitôt qu'ils me voyaient, ils s'élançaient et je
tuais. J'avoue que cette chasse aux mâtins est dé-
daignée par les chasseurs à grands équipages, qui
même l'appellent un braconnage; mais nos chasseurs ardennais l'aiment bien, parce que c'est
celle qui fait rapporter le plus de gibier à la maison. D'ailleurs, contre des ennemis publics tels
que le sanglier et le loup, tous les moyens ne
sont-ils pas bons?

§ 3. — BATTUE EN TEMPS PROHIBÉ.

Pour conserver les blés et les seigles des communes qui sont voisines des forêts, le maire de
chaque commune doit faire à l'avance une demande
de trois battues à la préfecture, pour être autorisé

à les commander du 1er juillet jusqu'à l'ouverture
de la chasse, le cas échéant. Les vieux sangliers
commencent les premiers à donner aux seigles
d'abord et ensuite aux blés; les troupes viennent
après eux. Le garde-champêtre, à partir du
1er juillet, suivra la lisière de la forêt bordant les
seigles et les blés, et dès qu'il s'apercevra que le
sanglier y a commis des dommages, il en prévien-
dra le maire, qui prendra les mesures nécessaires
pour se procurer le lendemain des traqueurs pour
l'heure de midi.

Le piqueur fait les bois avec son limier dans les
parties voisines de l'endroit où les sangliers ont
commis des dégâts, et il arrive avant midi. S'il a
fait sa brisée, les tireurs sont postés et les traqueurs foulent l'enceinte. Le piqueur a soin de
conserver son limier pour remettre un sanglier
blessé dans une autre enceinte.

Le garde-champêtre continuera à faire la lisière
de la forêt tous les matins jusqu'à l'ouverture des
chasses. Les adjudicataires des chasses des forêts
chasseront ensuite les sangliers qui font des dégâts
dans les avoines et les pommes de terre. Le propriétaire devra se plaindre, aux chasseurs voisins,
de ses récoltes endommagées par les sangliers.

§ 4. — BATTUE AUX SANGLIERS.

Pour exécuter ces battues, ainsi que toutes
celles contre les autres animaux malfaisants, il faut
surtout profiter des temps de gelée et de neige,
parce qu'alors le gibier marche mieux devant les

traqueurs, et qu'on le sait remis de préférence sur
les côtes exposées au midi, au milieu des houx,
bruyères, épines, genêts, etc., qui l'abritent du
froid et du vent; mais, pour ne pas déranger inutilement un grand nombre de personnes, et même
les rebuter pour plus tard, ne faites pas de battues
sans avoir auparavant acquis la certitude de la
remise en une enceinte; détournez donc comme
j'ai expliqué. Ne placez les tireurs qu'à bon vent,
sur les chemins ou sentiers qui bordent l'enceinte
à fouiller, et tous bien en ligne, afin que l'un d'eux
ne soit pas exposé à recevoir un coup de fusil. On
doit même toujours ne tirer que dans l'enceinte
ou en rentrant derrière, c'est-à-dire au débûché
et au rembûché, mais jamais sur les chemins, à
cause des ricochets. Rien n'est dangereux comme
une battue mal organisée; j'y ai vu plus d'une fois
de graves accidents. Il est utile de laisser aussi
quelques tireurs derrière les traqueurs, parce que
souvent, pour une cause ou une autre, le gibier,
surtout le sanglier, rebrousse. Les traqueurs feront
même bien d'avoir avec eux quelques roquets qui,
s'écartant peu et donnant de la voix, les aideront
à faire lever le gibier et aussi préviendront les
tireurs. Pour retrouver la bête qu'on aurait la
preuve d'avoir fortement blessée, il est bon encore
d'avoir en réserve un vieux chien avec un grelot;
si, découplé, il trouve l'animal mort, et ne dit
rien, on l'apprend au son du grelot et on s'y rend.

———

ARTICLE II.

LE LOUP.

—

Le loup, à sa naissance, est louveteau jusqu'à quatre mois; de quatre mois à six, il est louvart; ensuite il est loup proprement dit; après deux ans, il est vieux loup. La chasse du loup est très-intéressante, parce que, s'agissant d'un animal essentiellement nuisible, on éprouve toujours, en le détruisant, la satisfaction d'avoir rendu un service à la société. D'ailleurs, le loup est presque autant braconnier que le renard lui-même; ainsi, dans ses courses, s'il a reconnu au sang qu'il y a un gibier blessé, lièvre, chevreuil, ou même une bête de compagnie, il prend son pas, et souvent il saisit l'animal. Si c'est un gros sanglier, il se remettra bien dans la même enceinte que lui, mais sans oser l'attaquer : un gros sanglier pouvant se défendre contre plusieurs loups. Quelquefois aussi, surtout aux époques de grandes neiges, plusieurs loups réunis cernent un animal non blessé, fût-ce même une bête de compagnie, et ils cherchent à se jeter dessus; mais si la bête leur échappe, ils ne la poursuivent pas. Le loup, et surtout le louvart, quand la nourriture leur manque, rôdent souvent, même dans le jour, soit au bois, soit en plaine, jusqu'à dix ou onze heures du matin, moment où ils se remettent au liteau pour le restant de la journée.

Jusqu'à quinze ou vingt jours, les louveteaux ressemblent assez aux petits renards dont ils ont la couleur; on les en distingue par la queue qui n'a pas au bout des poils blancs comme celle du petit renard. D'ailleurs ils ont le museau et les pieds plus gros.

Quand la louve craint pour eux, elle les emporte à la gueule, les uns après les autres, dans une autre partie du bois, et quelquefois même très-loin. A l'âge de cinq ou six semaines, elle les sèvre en commençant par leur dégorger de la pâtée; plus tard, elle leur apporte de la proie plus solide; mais, comme en ce moment, ils cherchent encore à la téter, et que cela la fatigue, elle s'éloigne d'eux en grognant. Souvent aussi il y a alors un ou même deux loups qui aident la louve à approvisionner les louveteaux. Quand ceux-ci ont deux mois, si la louve veut leur faire quitter l'enceinte où ils sont, c'est en jouant avec eux qu'elle les emmène plus loin.

Le loup a le pied plus large que celui de la louve; celle-ci a le pied mieux fait, mais plus long, plus étroit et plus détaché; ses ongles sont plus menus et elle a le talon plus petit. Ce qui fait distinguer le pas du loup de celui d'un chien, c'est qu'il est plus allongé avec les deux doigts du milieu plus en avant; le talon est aussi plus gros et plus large, les ongles plus forts. Le piqueur reconnaîtra facilement qu'il s'agit d'un loup, s'il voit son limier rabattre nez haut à la branche, s'il n'entre pas au bois avec ardeur, si même il hésite; alors, le pi-

queur n'agira plus qu'avec la plus grande précaution ; il ne fera même que de grandes enceintes,
car, s'il approchait à trop courte distance avec son
limier, le loup, toujours défiant, toujours inquiet,
l'éventerait, se mettrait bien vite sur pied et se
déroberait au loin.

Au commencement d'août, le piqueur fait sa
quête pour reconnaître les portées, et faire prendre les louveteaux, qui sont déjà gros comme des
renards, par ses chiens, afin de les dresser et de
les rendre plus hardis. On reconnaît facilement le
lieu habité par une portée de louveteaux aux coulées dans lesquelles l'herbe est foulée. Il faut entrer dans l'enceinte, et suivre les coulées avec précaution, sans rien dire, et en recommandant le
silence aux chiens. Quand le piqueur leur voit
le poil hérissé, c'est preuve que les louveteaux
sont tout près ; mais déjà la louve s'est dérobée,
et inquiète, elle est allée à une certaine distance
écouter ce qui va se passer. Le piqueur, toujours
sans faire de bruit, excite ses chiens ; s'ils n'abor-
dent pas franchement les louveteaux et ne font que
s'élancer sans oser les saisir, pour les y engager, il
tire sur l'un des louveteaux ; les chiens se conten-
tent-ils de les tenir entre leurs pattes, sans pouvoir se décider à étrangler, le piqueur doit puiser
tous les louveteaux. Une fois que les chiens auront
mordu, ils n'hésiteront plus à étrangler dans une
autre occasion. Quelquefois, quand il ne lui reste
plus qu'un ou deux de ses louveteaux, la louve

s'approche et elle s'élance furieuse sur les chiens ;
c'est pour le piqueur une occasion de la tirer.

Depuis le mois de novembre, jusqu'à la fin d'a-
vril, on doit tourner les bois avec le limier. On
suit les lisières pour qu'il sente à la branche, et
quand on a la rentrée, on envoie faire le rapport
et on fait rapprocher les chasseurs du rendez-
vous indiqué.

Pendant ce temps, on fait les enceintes sans
bruit et la brisée d'attaque. On chasse à cette époque
les loups aux chiens courants.

Voici la manière de faire le bois pour les loups.
Le loup s'est mis sur pied aussitôt la nuit et par-
court la forêt pour voir s'il trouvera du gibier
blessé. Vers neuf heures du soir, il sort de la forêt
pour se mettre en plaine ; il rentre au fort vers les
quatre heures du matin ; le valet de limier fait la
lisière de la forêt, il trouve d'abord la sortie du
soir pour laquelle le chien se rabat de tout près ;
il continue à faire la lisière, de manière à ce que
le limier puisse toujours sentir à la branche et
trouver ainsi la rentrée du matin, qu'il annonce
en tirant le trait à plusieurs pas et en entrant
franchement dans le bois. Le piqueur doit avoir
un homme avec lui pour l'envoyer au rapport, et
rapprocher les chasseurs de la brisée d'attaque
faite sur la rentrée de la plaine. Il entre en forêt
pour faire la brisée d'attaque. Il doit soigneusement examiner l'âge du loup. Si c'est un loup de
l'année, il a les pieds moins gros et ne marche pas
aussi droit qu'un vieux loup. Souvent les jeunes

loups sont sur pied jusqu'à midi quand ils n'ont pas trouvé à manger ; quelquefois ils restent dans une garenne à ronger un os. Les vieux loups rentrent toujours en forêt.

Le loup étant très-vite et très-robuste, ne peut être chassé qu'à courre à cheval ou en battues, parce qu'une fois attaqué il prend de trop grandes fuites. On détourne et remet le loup de la manière que j'ai expliquée aux articles du piqueur et du sanglier.

Bien peu de chiens attaquent d'eux-mêmes le loup, dans lequel ils reconnaissent leur plus redoutable ennemi, et même beaucoup, quoi qu'on fasse pour les y déterminer, ou s'y refusent toujours, ou ne l'attaquent jamais qu'avec crainte et seulement parce qu'ils comptent sur le piqueur.

La curée du loup est la même que celle du sanglier.

INDICATION SUR LES PORTÉES DE LOUPS DANS CERTAINS DÉPARTEMENTS.

Les loups ont pour habitude de faire tous les ans leurs portées dans les mêmes contrées. Voici les forêts où j'en ai rencontré et où j'en ai fait la destruction :

Ardennes. — Bois de Thin-le-Moûtier; petite forêt de Signy-l'Abbaye et Mortier; bois de Corny, près Rethel; forêts de Mazarin, du Mont-Dieu, de Belval; bois de Grandpré, de Lançon, de Marcq et d'Apremont.

Meuse. — Forêt de Saint-Agobert; bois de Jametz ; bois de Saint-Laurent ; forêt de Mangiennes ; bois de Pilon ; bois de Billy ; bois de Romagne ; bois d'Inor ; bois de Brieulles ; forêt d'Esse ; bois de Montmédy ; forêt de Varennes.

Marne. — Bois d'Eausie ; forêt de Sainte-Menehould.

Allier. — Forêt près de Moulins.

§ 1er. — CHASSE DU LOUP A COURRE.

Si le piqueur a une bonne brisée, il doit poster sans bruit les tireurs aux grands devants seulement, et non à l'enceinte, ainsi qu'un relai de chiens et même plusieurs, si c'est possible. Comme je l'ai dit pour le sanglier, le valet se placera à cent pas de la brisée en tenant ses chiens bien préparés à être découplés plus tard, et le piqueur attaquera avec les chiens destinés à l'attaque. Au lancé, le piqueur sonne le *lancé,* la *fanfare du loup,* le *débûché,* la *vue* et après le *bien allé.* Dès que le loup passe sur la ligne, les chasseurs doivent le tirer, même de loin, et aussitôt après, s'ils l'ont manqué, ils sonnent la *vue ;* à l'arrivée du loup au relai, le valet, après avoir laissé passer les chiens en chasse, doit découpler les siens sur la voie ; le piqueur à cheval coupe le devant et sonne le *bien allé* ou la *vue ;* alors tous les chasseurs qui sont à cheval suivent la chasse le plus vite possible, et en même temps ils donnent, le plus qu'ils peuvent, des *bien allé* ou des *vue.* Tout ce bruit intimide le loup ; quelquefois même il ne sait plus où il en est, surtout si c'est un louvart, et alors il se laisse

5

forcer; mais il est bon pour cela que les chiens aient à leur tête un mâtin qui les rendra plus hardis. Aux grands équipages, on n'a pas recours au mâtin; c'est à tort.

Aux mois de septembre ou d'octobre, les louveteaux, devenus louvarts, ont la taille d'un demi-loup. Alors les chiens les chassent plus volontiers qu'au mois d'août. Les louvarts chassés prennent facilement la fuite, et ils changent de forêt, mais c'est toujours pour revenir aux environs du lieu où ils sont nés; aussi le piqueur qui en a eu connaissance ne doit-il pas manquer d'y placer quelques tireurs. Quand surtout il y a en tête de la meute un chien affranchi, sachant bien mordre, les louvarts, qui ne prennent jamais de grandes avances devant elle, sont bientôt forcés et étranglés, s'ils n'ont pas été tirés et tués.

§ 2. — BATTUE AUX LOUPS.

Il est essentiel que le piqueur ait détourné un loup et qu'il le sache certainement remis dans une enceinte. Pour donner au piqueur tout le temps d'opérer, le rendez-vous des tireurs et des traqueurs ne doit être fixé que vers dix heures du matin, et toujours à une grande distance de l'enceinte de la remise. Il faut deux hommes, l'un pour aller poster les tireurs à bon vent, l'autre pour aller poser les traqueurs vent au dos, autant que possible. Les tireurs partiront les premiers, de manière à se trouver tous à leurs postes avant que les traqueurs ne soient aux leurs. Tout le

monde, chemin faisant, doit observer le plus grand
silence ; autrement, il y a tout à parier qu'on trou-
verait le loup levé et l'enceinte vide. Quand celui
qui a placé les traqueurs a terminé et qu'il pense
que tous les tireurs sont aussi arrivés à leurs
postes, ils donnent aux traqueurs un signal con-
venu ; alors tous, mais sans entrer dans l'enceinte,
ni même quitter les endroits où ils ont été placés,
crient et font le plus de bruit possible. C'est à
tort que, pour le loup, quelques chasseurs font
entrer les traqueurs dans l'enceinte ; cela est même
cause que souvent, le loup sortant trop vite, les
chasseurs ne peuvent pas bien le tirer à son passage sur la ligne, ou même qu'il se dérobe entre
les traqueurs quand, ne se voyant pas bien les uns
les autres dans les bois, ils ne forment plus une
ligne régulière. Au premier coup de voix des traqueurs, le loup se lève et il se dirige avec précaution, au simple trot, vers la ligne des chasseurs ;
alors il est facile à tirer ; mais, s'il est manqué, il
passe la ligne au grand saut, et ensuite on ne sait
plus où on le trouvera. L'opération est à remettre
à un autre jour.

§ 3. — AFFUT DU LOUP.

Un chasseur qui se respecte ne tirera à l'affût
que le loup et tout au plus le renard. Si l'affût du
loup à la bête morte ne réussit presque jamais,
c'est parce que le loup, qui ne se décide à y manger
qu'après avoir fait de loin, et avec grande attention, le tour de l'endroit où elle est déposée, a

éventé le tireur, et que dès lors il s'est écarté.
Connaissant cet instinct du loup, je l'ai mis en
défaut. Mon moyen est répugnant, je l'avoue, mais
il est sûr : quand je sais qu'il y a des loups dans
un pays, surtout à une époque de mortalité dans
les bestiaux, je choisis un terrain à une certaine
distance des habitations, et de préférence un lieu
marécageux, long et large d'environ vingt mètres;
j'enterre au milieu un tonneau que j'entoure, à la
distance d'un pied, d'une espèce de haie d'épines,
haute de trois pieds; j'y traîne quatre bêtes mortes
que j'enterre aux quatre côtés, à la profondeur de
deux ou trois pieds, en recouvrant d'un pied de
terre, cela forme quatre fosses, en contre-bas de
chacune desquelles j'établis un petit canal de cinq
à six pieds de longueur, sur deux à trois pieds de
largeur, avec autant de profondeur; ces canaux
serviront à recevoir l'eau putréfiée produite par
le corps de la bête pendant qu'il se consomme, et
de laquelle le loup est très-avide. La chair ainsi
enterrée, surtout si le lieu est marécageux, durera
longtemps. Le loup en a bientôt connaissance par
les émanations. Cependant, dans les premiers
jours, il n'ose pas encore aborder; plus tard, il se
rassure et il s'habitue.

Quand j'ai remarqué qu'il a gratté, mangé à la
bête et bu de l'eau putréfiée, un soir où il y a clair
de lune, je me place au tonneau. De onze heures
du soir à une heure du matin, le loup accourt au
galop et sans défiance, l'odeur des bêtes mortes
qui lui était arrivée de tous les côtés l'ayant em-

péché de m'éventer. Il se met tranquillement à manger et je le tue. A cet affût il vient aussi des renards. Du reste, si on ne veut pas affûter, on peut aussi tendre un piége dans l'eau putréfiée où le loup ne manque jamais d'aller boire en y posant les pattes; il n'évente pas le piége ainsi placé.

ARTICLE III.

LE RENARD.

Le renard a la réputation d'être le plus redoutable des braconniers. Quand la femelle a des petits à nourrir, il est bien vrai que, toujours en chasse, elle fait alors une grande destruction de levrauts, lapereaux, perdrix, volailles des fermes, et jusqu'à des chevrotins; mais quand le renard n'est pas poussé par ce besoin impérieux, il ne vit guère que de souris, taupes, petits oiseaux tombés des nids et même d'insectes; ce n'est que par exception qu'il prend quelques lièvres, lapins et perdrix, principalement ceux qui ont été blessés par les chasseurs. Quand, en voyageant, il a senti du sang à terre, c'est pour lui un indice qu'il y a un animal blessé dont il peut faire sa proie, et dès lors aussitôt, prenant chasse à voix, il suit la trace jusqu'à ce qu'il ait gueulé la pauvre bête, soit perdrix démontée, soit lièvre écloppé, soit même un chevreuil.

Quoi qu'il en soit, comme le renard est une mauvaise bête, toujours est-il bon et utile de le détruire, même en tout temps. On le chasse à courre et en battue.

Même curée que celle du sanglier.

§ 1er. — CHASSE DU RENARD A COURRE.

Le pas du renard est rond, assez semblable à celui d'un petit chien; on l'en distingue surtout en ce qu'il laisse toujours sur la trace l'empreinte des poils dont le pied est un peu garni au-dessous.

Je n'ai jamais entendu dire qu'en France on le chassât à cheval, comme on le fait en Angleterre; c'est toujours à pied. Du reste sa chasse est bien facile et sans défaut à craindre, parce qu'il laisse beaucoup d'odeur et qu'il n'a d'autre ruse que de percer droit devant lui, en se faisant battre jusqu'à ce que, fatigué de la poursuite des chiens, il se terre pour leur échapper. On découple les chiens dans les taillis les plus fourrés d'épines et de ronces qu'il hante de préférence; si les chiens sont vites, le renard sera terré au bout d'une heure de chasse; s'ils sont d'un pied ordinaire, il se laissera chasser plus longtemps. Dès qu'on le sait terré, si on ne tient pas à le conserver pour se donner le plaisir de recommencer avec lui plus tard la chasse, comme quelques chasseurs le font, il faut aller enfumer et fouiller le terrier.

Tous les chiens, surtout ceux habitués aux lièvres, ne chassent pas les renards; un chien qui s'y refuse ne sera découplé que quand les autres ont lancé; d'abord il ne les suit que machinalement, et comme malgré lui; plus tard il finit par faire comme eux.

C'est à la fin de juillet que les renardeaux, déjà assez forts pour se passer de leur mère, commencent à s'écarter des terriers où ils sont nés. S'ils sont inquiétés, la renarde les emporte à la gueule comme la louve. Ils y rentrent cependant encore de temps en temps, surtout quand ils éprouvent une alerte. Quand on a reconnu une portée de renardeaux, vers minuit on va boucher leur terrier; le matin on découple aux environs les chiens qui chassent les renardeaux sans faire défaut; on les tire aux passages, et aussi sur le terrier. Cette chasse, qui n'occasionne pas de fatigue, est très-amusante, parce que les renardeaux, qui n'ont pas encore appris à connaître le pays, ne prennent pas de grandes fuites.

§ 2. — CHASSE EN BATTUE.

C'est depuis la fin de février jusqu'au quinze avril que la battue de destruction des renards se pratique avec le plus de succès, parce qu'alors ils sont en chaleur, ou bien les femelles sont pleines. A cette époque, ils rentrent tous les jours au terrier, les femelles surtout. Deux jours avant celui fixé pour la battue, il faut faire bien soufrer les terriers, mais sans les boucher. Cependant, malgré l'odeur suffocante du soufre, les renards ont quelquefois, par peur, la patience de ne sortir des terriers que le deuxième jour, quand la faim les presse trop; mais ils n'y rentrent pas, et on ne peut plus les retrouver que sous bois.

Le renard étant aussi très-défiant et ayant excellent nez, il est indispensable de prendre en battue les mêmes précautions que pour le loup (voir plus haut); il n'y a que cela à changer : les traqueurs, placés en ligne à cent pas au plus les uns des autres, entreront dans l'enceinte, mais sans crier; en marchant sous bois en ligne de manière à ne pas se perdre de vue, ils se contenteront de frapper les arbres et les buissons avec des bâtons fendus. Souvent alors le renard ne fait que filer devant les traqueurs, sans se presser, et même quelquefois il n'arrive sur la ligne des tireurs que quelques moments avant les traqueurs. J'ai vu qu'on pouvait, avec succès, recommencer une battue dès le lendemain pour tuer les renards échappés à celle de la veille. L'attention des tireurs doit toujours être plus spécialement éveillée au commencement et à la fin de chaque battue.

§ 3. — DESTRUCTION AUX TERRIERS.

Je ne saurais trop recommander aux chasseurs d'éviter de laisser des portées de renardeaux s'échapper; ils en seraient punis par le gibier qui leur manquerait à l'automne, et aussi par la disparition des volailles de la ferme.

C'est surtout au mois de mai, époque où les renardeaux n'ont pas encore abandonné leurs terriers, et où les femelles viennent souvent près d'eux pour leur apporter la nourriture, qu'il convient de faire bien exactement la visite de tous les terriers qu'on connaît aux environs, mais sans y rien déranger, car, pour peu que la renarde remarque qu'on connaît ses petits, elle les change de terrier.

Il y a des petits chiens qui indiquent sûrement la présence du renard aux terriers, et qui le forcent à s'y acculer; alors on fouille et on prend les renards et renardeaux qu'il n'y a pas de risque de voir sortir devant les chiens et les hommes.

On peut aussi les enfumer aux terriers; voici comment je m'y prends : j'enfonce dans les trous, le plus avant possible, des petits bâtons fendus portant des chiffons de linge trempés dans du soufre fondu auxquels j'ai mis le feu; je bouche bien solidement tous les trous avec de la terre; après un jour ou deux, je débouche et je trouve les renards morts aux entrées.

ARTICLE IV.

LE BLAIREAU. — SA CHASSE.

Trop lourd pour chasser, le blaireau n'est pas à craindre pour le gibier, à moins qu'il ne trouve une portée de lapereaux qu'il déterre fort bien. Il a les ongles du pied de devant bien allongés et aigus, tandis que ceux du pied de derrière sont courts et usés; cela vient de ce qu'il ne travaille à la terre qu'avec les pieds de derrière.

On chasse le blaireau, surtout aux mois de septembre et d'octobre; plus tard il est terré et il ne
sort plus guère. Cette chasse est facile pour les
chiens, le blaireau laissant beaucoup d'odeur. La
veille du jour fixé, vers minuit, on fait bien boucher les terriers reconnus par le piqueur comme
étant habités par des blaireaux; le lendemain
matin, on découple aux environs des chiens courants qui, trouvant les blaireaux remis dans les
buissons les plus épais, dans des tas de pierres, ou
sous des souches, lancent de suite. Le blaireau
qui ne peut, parce qu'il est assez lourd, prendre
fuite, se fait chasser de tout près, en recherchant
pour gagner son terrier les endroits les plus
fourrés et les plus difficiles; mais il est bientôt
atteint; alors, il fait ferme et même il blesse les
chiens, car il est robuste et bien armé. Il est facile
à tirer, les chasseurs entendant par la voix des
chiens où il se trouve. Une fois qu'on en a tué un,
on recouple les chiens pour faire la recherche d'un
autre, car il y en a ordinairement plusieurs dans
le même terrier, et on a ainsi bientôt détruit tout.
A la fin de novembre, les blaireaux sont rentrés
aux terriers où ils passeront l'hiver. Quand on
s'est assuré qu'il y en a de remis, on y fait entrer
des petits chiens; dès que les blaireaux les entendent, ils se mettent à creuser très-vite un boyau
de sortie vers un autre terrier, et ils échapperaient
si, quand on les entend travailler dans un endroit,
on ne se hâtait de faire une tranchée en avant
pour les arrêter et les prendre.

Au commencement de juillet, j'ai détruit plusieurs blaireaux de cette manière : au devant d'un terrier fréquenté par eux, je remuais à la bêche ou à la pioche une bande de terre que je réduisais ensuite en poussière ; le lendemain matin, je voyais aux traces sur cette poussière quels étaient les trous de la rentrée, et, à sept heures précises du soir, je m'affûtais à quinze pas au bon vent après avoir pris la précaution, dès cent pas du terrier, de marcher très-doucement, parce que, sous terre, le blaireau entend très-bien. Si, à huit heures, il n'était pas encore sorti, c'était parce que, pour une cause ou pour une autre, il n'avait pas voulu sortir, et qu'il ne sortirait plus que trop tard ; alors je remettais au lendemain.

ARTICLE V.

CHATS SAUVAGES, FOUINES, PUTOIS, BELETTES, OISEAUX DE PROIE.

Le garde doit, en toute saison, amorcer et prendre aux piéges, indépendamment des renards, les fouines, putois et belettes, qui sont le fléau des lapins et même des grands lièvres, sans parler des volailles. — J'ai dit exprès en toute saison, parce que j'ai connu des gardes qui, plutôt industriels que chasseurs, ne voulaient pas prendre les bêtes puantes en été, sous prétexte que les peaux ne seraient pas bonnes à vendre, et ils attendaient l'hiver sans penser aux ravages qui se feraient. Peut-être le maître éviterait-il ce calcul en accordant aux gardes des primes de destruction pendant l'été. Le chat sauvage détruit une quantité de gibier qu'il surprend, soit à terre, soit sur les arbres, soit au terrier. Il y a aussi des chats domestiques qui ont pris ces mauvaises habitudes. Il ne faut rien négliger pour tuer ces brigands, bien plus dangereux que les renards eux-mêmes. Dès qu'on en connaîtra, on les affûtera ou on les prendra au piége. Assez souvent, à la chasse, les chiens en font brancher ou terrer; profitez-en pour les détruire. Les principaux oiseaux de proie de notre pays sont : la buse, l'épervier, le busard, le milan, l'oiseau Saint-Martin, la soubuse, etc. Ce sont tous de grands destructeurs de perdrix, cailles, canards sauvages, levrauts et volailles; il y en a même qui se jettent sur le poisson. Aussi toutes les fois qu'un vrai chasseur fait la rencontre de l'un de ces mauvais oiseaux, son devoir est-il de le tirer, même de loin, car s'il n'est pas tué du coup, peut-être il aura reçu un plomb qui le fera périr plus tard; mais c'est aux nids surtout qu'il faut s'attacher. Au printemps, le garde en fera la recherche avec soin; il trouvera celui de la buse à l'enfourchement d'un gros chêne, celui du busard et du milan sur une grosse branche, celui de l'oiseau Saint-Martin à terre simplement. Dès qu'il verra que la femelle couve fortement, il s'embusquera à portée du nid, et il commencera par tuer le mâle quand l viendra apporter à la femelle sa nourriture.

Après, il s'occupera de celle-ci quand elle sera revenue à ses œufs. Il est également utile qu'il détruise de la même manière les pies qui n'épargnent ni les œufs de perdrix, ni les petits perdreaux, ni même les jeunes levrauts; les geais ne sont pas à ménager non plus, car ils tombent sur les œufs et les jeunes oiseaux aux nids.

Les hérons et les loutres, à la vérité inoffensifs pour le gibier, sont de terribles destructeurs de poissons. Le chasseur qui en rencontre doit les tirer; ce sera un service au pêcheur qui le lui rendra en lui indiquant les endroits de la rivière où il a remarqué des canards, sarcelles, etc.; d'ailleurs la chasse et la pêche sont sœurs; elles doivent s'entr'aider.

SECTION 2. — Gibier à poil.

ARTICLE 1er.

LE CERF ET LE DAIM.

Je ne parlerai des cerfs et des daims que pour exprimer mon vif regret de ce qu'un si noble gibier n'existe plus en France, si ce n'est dans les forêts de l'État, où il est conservé avec soin; mais, dans ma jeunesse, je rencontrais encore de temps en temps des cerfs dans les grandes forêts de la Lorraine et des Ardennes. Les braconniers les ont tous ignominieusement tués à l'affût.

En règle, on ne chasse les cerfs et les daims qu'avec de grands équipages et des relais après avoir détourné; c'est la plus belle de toutes les chasses et la plus savante.

ARTICLE 2.

LE CHEVREUIL. — CHASSES A COURRE A PIED ET A CHEVAL.

En hiver, les chevreuils habitent les taillis les plus fourrés, surtout ceux exposés au midi; au printemps, les plus clairs ; en été, les plus ombragés et les plus frais. Le brocard marque plus fortement que la chèvre ; son pied de devant est plus large, celui de derrière a les pinces plus serrées; c'est le contraire pour la chèvre. Il y a des chasseurs qui, pour assurer la conservation de l'espèce, ne chassent que des brocards en épargnant toujours les chèvres. Sans doute il faut éviter entre novembre et avril de tuer une chèvre, parce qu'elle serait pleine, et que ce serait d'autant plus dommage qu'il n'y a qu'une portée par an; mais il est évident qu'en dehors de cette époque il n'y a pas plus d'inconvénient pour une chèvre que pour un brocard, puisque, comme ils vivent en couple, si l'un des deux, n'importe lequel, est détruit, il y a toujours nécessité pour l'autre de chercher une union nouvelle.

Le chevreuil se chasse à courre à pied et aussi à

cheval. Quand on veut se conformer à la règle on
ne le tire pas; il doit être forcé. On y parvient
quelquefois sans relai avec des chiens courants de
race anglaise; mais, le plus souvent, un relai est
indispensable; alors deux heures suffisent. Le piqueur quêtera de grand matin avec son limier, de
la manière déjà expliquée; s'il se rabat sur la voie
d'un chèvreuil, il est inutile de détourner, c'est
preuve que la bête se trouve dans l'enceinte, le limier ne se rabattant jamais pour le chevreuil que
sur la voie du matin. Alors le piqueur n'a plus qu'à
faire la brisée ordinaire et à se retirer pour aller
préparer la chasse. Le plus ordinairement, le piqueur ne remet pas; il se contente de découpler
dans la partie du bois où il sait que des chevreuils
ont l'habitude de se tenir, et il appuie la quête des
chiens. S'il y a réellement un chevreuil, les chiens
l'auront bientôt rencontré et lancé. Tout aussitôt
le piqueur sonnera le *lancé* et la fanfare du chevreuil; après il s'attachera à reconnaître le pied,
afin d'être en mesure de redresser un change, s'il
s'en fait plus tard, et il suivra les chiens. Le chevreuil se fait chasser rapidement pendant une heure
ou deux en prenant de l'avance devant les chiens;
ce n'est que quand il se sent déjà quelque fatigue
qu'il commence à ruser ; si les chiens le poussent
vivement, il n'en a guère le temps, mais s'ils ne
sont pas vites, il prend de plus grands devants et
essaie beaucoup de ruses les unes après les autres.
Alors les derniers défauts deviennent quelquefois
difficiles à lever. Néanmoins, les chiens font sur sa

voie moins de défauts que sur celle du lièvre, et
ils les relèvent plus facilement, parce que, si léger
qu'il soit, il laisse derrière lui un sentiment bien
plus prononcé. Sa ruse ordinaire, c'est de revenir
sur son contre-pied ; il le fait quelquefois en recherchant les endroits sur lesquels il peut perdre
les chiens, par exemple les chemins, fossés, ruisseaux, etc.; j'ai même vu des chevreuils croiser
leurs voies, les emmêler, etc. Quand ils croyaient
avoir de cette manière assez créé d'embarras aux
chiens, ils faisaient un grand saut de côté, ou deux,
et ils se rasaient sans bouger, même quand les
chiens seraient passés à côté d'eux. S'il se fait un
défaut difficile à lever, il faut que le piqueur se
trouve avec les chiens de tête, qu'il leur parle,
qu'il les aide et qu'il fasse ses requêtés avec plus
d'intelligence, souvent même avec le soin le plus
minutieux. Il arrive quelquefois, si le défaut n'est
levé que par un seul chien, que les autres, n'entendant pas le lever à leur tour, restent en arrière ;
alors la chasse est compromise. Mais quand le piqueur est, selon son devoir, à la suite des chiens,
il criera à ceux restés en défaut : *au coute un tel !*
s'ils sont bons, ils rallieront, et la chasse sera reprise. Le chevreuil relancé plusieurs fois et bien
suivi, revient toujours, après une fuite plus ou
moins longue, au premier lancé, aux environs duquel on a dû, dans cette prévoyance, laisser un ou
deux chasseurs. Les autres ont été postés aux passages fréquentés et aux refuites probables. Quand
le temps est calme, le saut du chevreuil chassé, le

grand saut principalement, est entendu de loin
comme un bruit sourd. Mais, dans sa fuite, il n'est
pas toujours en saut : quand il se sent de l'avance
sur les chiens, il ralentit de temps en temps, et
même il s'arrête tout-à-fait pour écouter la chasse.
Alors le chasseur près duquel il passera, quelquefois même sans l'apercevoir, tant il est occupé,
aura toutes facilités pour le tirer. Pendant le
cours de la chasse, le piqueur reverra le pied
toutes les fois qu'il le pourra, afin de s'assurer si
c'est toujours la bête de chasse. Rarement les
chiens prennent le change sur le chevreuil ; néanmoins cela peut arriver, surtout quand il y en a
beaucoup dans la forêt. Dès que le piqueur découvre un change, il doit, au plus vite, rappeler
les chiens et les remettre sur la bonne voie. Il est
évident qu'avec un gibier comme le chevreuil, si
un change se prolongeait, il faudrait renoncer à
forcer. Quand le piqueur remarque que les chiens
ont pris le contre-pied, il agit de même. Il est inutile de dire que si la chasse se fait à cheval, elle
sera mieux suivie, et les défauts seront plus vite
levés.

Assez souvent le chevreuil, longtemps chassé
sous bois, prend la plaine ; s'il y aperçoit devant
lui un chien quelconque, il se rase et peut même
se laisser prendre par lui, tandis que si c'était la
meute qui le chasse, il continuerait à fuir jusqu'à
l'épuisement de ses forces. Il est aisé de voir quand
le chevreuil est sur ses fins : il n'appuie plus que
du talon, il tourne, il hésite ; il a la tête basse, les

jambes raides ; il est effaré, haletant ; il sent derrière lui la meute qui le gagne de plus en plus en
redoublant d'ardeur, car elle comprend qu'il va
être à elle ; exténué, rendu, il tombe enfin en
poussant un cri de détresse ; tous les chiens se
jettent sur lui, s'acharnent et même le dévoreraient
en un instant, si les chasseurs n'accouraient le
leur arracher. On les en console en faisant la curée
sur place. Cette curée se fait comme celle du sanglier. On sonne l'*hallali* et la *retraite prise*. A la
mort d'un loup ou d'un sanglier, on se réjouit ; à
celle d'un chevreuil, un si élégant animal, on
éprouve toujours quelque regret.

Dès le mois d'octobre, les chevrotins sont déjà
assez forts pour être chassés. Ils se tiennent ordinairement dans les taillis de dix à quinze ans.
Quand on y découple, c'est presque toujours la
chèvre elle-même que les chiens chassent à vue,
parce que, pour essayer de sauver ses chevrotins,
elle s'est de suite présentée à eux. Quand les chevrotins sont très-jeunes encore et qu'ils sont tourmentés dans les lieux où ils se tiennent, la mère
les emporte par la peau du cou dans une autre retraite. Elle fait plusieurs fois le tour de l'enceinte,
en s'écartant de plus en plus, et elle finit par les
entraîner au loin pour les perdre. Elle ne revien-
dra que pendant la nuit vers ses petits, mais elle
ne les retrouvera probablement pas, parce que le
piqueur, qui sait qu'ils sont restés dans l'enceinte,
y découple d'autres chiens tenus en réserve dès
que l'on n'entend plus la chasse de la chèvre. Les

chevrotins, bientôt lancés, ne faisant que tourner et se raser, sont facilement tirés ou même pris par les chiens. J'avoue cependant que cela n'est pas de la bonne chasse ; il serait plus convenable d'attendre que ce gibier fût mieux en état de se défendre.

ARTICLE 3.

LE LIÈVRE.

En temps humide, c'est principalement dans les lieux secs et pierreux, les landes et bruyères, les récents labourés, qu'on rencontre les lièvres ; s'il fait un vent froid, s'il gèle ou neige, ils se sont retirés dans les grands taillis, les ravins, fossés et autres endroits garnis d'épines, de ronces et de hautes herbes où ils trouvent des abris ; en temps ordinaire, ils se tiennent surtout dans les jeunes taillis et les plantations en plaine. Ceux qui habitent les marais et les bords des étangs sont des lièvres qui, se voyant très-battus au bois et en plaine, y sont venus pour être plus tranquilles ; souvent échauffés, ils sont alors autant mauvais à chasser qu'à manger.

Tous les jours ne sont pas favorables à la chasse du lièvre aux chiens courants : s'il fait trop sec, si le vent est grand, les chiens ayant plus de peine à rencontrer et à conserver le sentiment, il se fait souvent des défauts difficiles à lever. D'ailleurs, la terre durcie par la gelée blesse les pieds des chiens

et peut même les dessoler. S'il tombe de la neige,
les voies étant souvent recouvertes, ils les perdent
facilement et ils se fatiguent trop; cependant quand
la neige, devenue vieille, se radoucit, ils chassent
bien. S'il pleut, la pluie, en lavant les voies, y détruit le sentiment, et même elle altère le naseau des
chiens en le pénétrant. Il faut choisir un temps
doux et humide sans vent; il convient mieux qu'un
beau soleil, qui toujours mange de la voie. Ce
jour-là, les chiens rencontreront plus vite et ils
emporteront mieux. En temps ordinaire, les chiens
reprennent toujours vers le soir une nouvelle ardeur, et ils chassent mieux la nuit que le jour.

Généralement, on court un lièvre tel qu'il est rencontré, n'importe bouquin ou hase. J'ai cependant
connu quelques chasseurs qui y attachaient plus
d'intérêt. Voici leurs raisons : tuer une hase pleine,
et elle est en cet état durant la plus grande partie
de l'année, c'est détruire l'espèce, inconvénient
qui n'existe pas pour le bouquin, un seul, d'ailleurs,
suffisant à féconder plusieurs hases. D'un autre
côté, le bouquin se défendant mieux que la hase,
ayant plus de ruses, courant et s'écartant davantage, il y a plus d'art à le chasser et de mérite à le
forcer. Aussi est-ce le bouquin qui est le lièvre de
la grande chasse. Quoi qu'il en soit, voici quelques
renseignements à l'aide desquels, si on y tient, la
distinction sera facile; ils auront toujours leur utilité en cas de change : le bouquin a le pied plus
serré, plus court, moins marquant que celui de la
hase; ses ongles sont plus gros et plus usés, parce

qu'il court plus qu'elle ; ses crottes sont plus
sèches, plus petites, plus aiguillonnées ; celles de
la hase sont plus déliées, plus grosses, plus rondes ;
le bouquin est rouge, surtout en poitrine, et sa
tête est courte, gosse et large ; la hase est plus
grise et sa tête est plus allongée ; au gîte, et même
encore en marchant, la hase ne tient pas dans le
même sens ses deux oreilles qui d'ailleurs sont
plus longues, mais moins larges que celles du bouquin. La queue du bouquin est retroussée sur l'é-
chine, la hase a la sienne à moitié baissée ; enfin,
le bouquin est généralement moins haut que la
hase ; aussi, quand il est question d'un grand lièvre,
il est probable que c'est une vieille hase. Du reste,
le bouquin et la hase marchent les pieds de derrière de front, ceux de devant en ligne.

De tous les animaux que l'on chasse aux chiens
courants, c'est certainement le lièvre qui, par ses
ruses encore plus que par sa vitesse, sait le mieux
se défendre ; aussi sa chasse, quoique moins à effet
que celles du loup, du sanglier et du chevreuil, est
considérée par tous les vrais chasseurs comme offrant beaucoup plus de difficulté et exigeant plus
d'expérience, d'attention, même de calcul ; elle est
aussi plus amusante qu'aucune autre, parce qu'on
revoit plus souvent qu'il y a plus de ruses à comprendre et à combattre, qu'on a moins à s'écarter,
qu'on entend toujours la musique des chiens, etc.
En outre, elle a le mérite d'être la moins dispen-
dieuse, par conséquent à la portée de plus de per-

sonnes, puisqu'on peut la faire avec aussi peu de chiens que l'on veut.

Pour tuer des lièvres autant qu'il s'en trouve, il suffit de deux bons chiens, et il n'en faut pas plus de trois. J'ai toujours vu que, sur un terrain de chasse étendu comme sur un terrain restreint, une quantité de chiens, que d'ailleurs il est rare de réunir tous du même pied, causait plus d'inconvénient que d'utilité : le gibier, effrayé par leur bruit, prend plus d'avance et peut être tué au loin par des braconniers ou même par des chasseurs qui ne reconnaissent pas le droit de suite. S'il y a des lièvres étrangers, venus de loin pour passer l'hiver dans les bois fourrés, comme le font tous les ans ceux des plaines nues de la Champagne, ils retourneront et ne reviendront pas. Souvent aussi avec tant de chiens, il se fait des changes, deux chasses, etc. Enfin, quand la chasse est terminée, on a plus de peine à retrouver les chiens et à les reprendre; quelquefois même on en perd. C'est autre chose pour les chasses du loup et du sanglier : il y faut beaucoup de chiens, soit pour bien suivre ces bêtes dans leur grande vitesse, soit pour leur en imposer.

Tout le monde chasse le lièvre et le tire plus ou moins bien ; mais il y a peu de personnes connaissant cette chasse à fond, et en état de sortir toujours de ses nombreuses difficultés. C'est là que le parfait chasseur se démontre. Tous les chiens aussi chassent le lièvre; mais ceux qui, d'eux-mêmes et sans l'aide des chasseurs, savent démêler toutes

ses ruses, sont rares ; il faut en tenir cas. D'après
mes remarques, les chiens des grands équipages,
notamment les normands, ne conviennent guère à
la chasse du lièvre, parce qu'ils sont trop lourds
et n'ont pas le nez assez fin ; ceux qui, selon moi,
y font le meilleur service, sont nos chiens ardennais de l'ancienne race de Saint-Hubert, quand ils
sont d'une bonne taille, d'un bon pied, qu'ils four-
nissent bien de la voix et qu'ils ont été bien dressés ; devant eux, le lièvre prend moins d'avance et
fait moins de ruses. Les grands bassets chassent
aussi très-bien le lièvre qui, rassuré par leur
marche, va plus doucement, perce rarement, et
fait de moins longues randonnées, pendant lesquelles on a plus d'occasions de le tirer. Parmi les
bassets et même tous les chiens de chasse en général, les meilleurs, à mon avis, sont ceux à poil
rude qui, tenant de la race griffonne, en ont les
qualités. Un levraut ne sera bien chassé que par
de vieux chiens au fait de la chasse du grand
lièvre ; ils le relanceront jusqu'à trois fois, quand
de jeunes chiens le perdraient de suite. De bons
chiens de lièvres font encore bien à toutes les
autres chasses ; mais dans les équipages où chaque
chien est affecté à une chasse particulière, d'après
sa capacité, les chiens de lièvres restent aux
lièvres ; quand on a assez de chiens, c'est ce qu'on
peut faire de mieux.

Le renard jouit d'une grande réputation de
finesse et d'astuce qu'il ne justifie pas en chasse, où
il ne sait que percer devant les chiens en passant

par les fourrés les plus épais, jusqu'à ce qu'ils
l'aient forcé à se terrer. Le lièvre est bien plus
rusé ; on peut même dire qu'il n'y a pas de gibier
plus rusé. Vers le coucher du soleil, il sort du bois
pour aller en plaine, où il passe la nuit à se nourrir et à courir à droite et à gauche ; dès le point
du jour, il rentre au bois en choisissant les places
sur lesquelles ses pieds ne laisseront que le moins
de traces ; après quelques tours et détours, et
même des sauts pour qu'on le perde s'il est suivi,
il se gîte plutôt au bord du bois qu'au milieu.
Chaque jour il se fait ainsi un nouveau gîte ; rarement il reprend celui de la veille. Mais c'est surtout quand il se voit chassé, qu'inspiré par l'instinct de sa conservation, il a recours à toutes sortes
de moyens pour faire tomber les chiens en défaut
et leur échapper. Voici ses ruses les plus habituelles : courir sur les terrains les plus secs, tels
que les chemins, les sentiers, les pierres, les
champs brûlés par le soleil ; suivre les fossés, les
ravins ; s'engager dans les fourrés de ronces et
d'épines les plus épais, en espérant que les chiens,
plus grands que lui, ne pourront pas l'y suivre ou
bien s'embarrasseront, si même ils ne le perdent
tout-à-fait ; passer à la nage un ruisseau et même
une rivière ; au bois, comme en plaine, revenir
sur ses voies, et, après plusieurs retours sur
lui-même pour les embrouiller, faire tout-à-coup
un grand saut de côté ; se raser à moitié quand il se
sent de l'avance sur les chiens, ensuite se dérober
et aller plus loin essayer de nouvelles ruses, à la

dernière desquelles il se rase d'aplomb ; mais les
chiens l'ont suivi en donnant des voix de rapproche, ils ont successivement levé tous les défauts, et il est relancé à vue. Pour juger de ce
qu'un lièvre peut faire en pareil cas, même quand
il n'est pas chassé, on n'a qu'à suivre un pas sur la
neige peu après qu'elle est tombée. Quand une de
ses ruses lui a réussi, il est utile d'examiner quelle
a été sa manœuvre, car on peut s'attendre à ce
qu'il la recommencera. Les hases et les levrauts
bornent leurs ruses à tourner sans s'écarter beaucoup, à reprendre leurs voies et à se raser. Ce sont
les bouquins qui rusent le plus et le mieux ; il y
en a de vieux, ayant acquis de l'expérience parce
qu'ils ont souvent échappé aux chasses, qui dé-
passent tous les autres ; c'est surtout quand ils se
sentent plus près d'être forcés qu'ils ont recours à
ces ruses extraordinaires comme dernier essai de
se sauver la vie. On en a dit beaucoup sur eux ; je
ne parlerai que de ce que j'ai vu : ainsi, un lièvre
après avoir longtemps tourné et rusé autour d'une
mare ou d'un étang, s'y jetait tout-à-coup, plon-
geait et allait en nageant se relaisser sur un îlot ou
au milieu des roseaux. Mes chiens en avaient suivi
et perdu un le long d'un vieux mur ; je l'ai trouvé
rasé sur les pierres. Ils m'en ont fait prendre plusieurs à la main dans des terriers de renard. J'ai
fait partir un lièvre qui s'était relaissé sur une
grosse tête de saule peu élevée de terre. Il en est
qui s'enfoncent dans une carrière ou dans un tas
de neige. Même sans être chassés, ils ont souvent

6

recours à ce dernier moyen pendant le jour, quand
la terre est couverte de neige, parce qu'alors leur
couleur, qui tranche, les fait découvrir de loin. Ils
restent ainsi cachés quelquefois pendant deux
jours. J'en ai vu entrer dans un ruisseau ou une
rivière, se laisser entraîner au courant et puis, ga-
gnant la rive opposée, s'y relaisser ou bien reprendre leur course. Cette dernière ruse est même
celle qui leur réussit le plus souvent. D'autres
vont joindre un troupeau de moutons, et le traversent afin que leurs traces et leurs émanations,
se confondant avec celles des moutons, soient per-
dues pour les chiens. — Il arrive aussi qu'un vieux
bouquin, quand il se sent fatigué de la poursuite,
fait lever un autre lièvre qui court à sa place, tandis qu'il se met à la sienne; bien entendu, si ce
relai n'était pas découvert à temps, il faudrait renoncer à forcer. — Souvent un lièvre court sur les
terres les plus détrempées par une grande pluie ou
par un dégel, afin que la boue qui s'attache à ses
pattes et à son corps retienne le plus possible de
son sentiment qu'ainsi il emporte avec lui; on dit
alors du lièvre qu'il a des bottes, ou qu'il fait
bottes. Enfin, poussés partout, ils cherchent un
dernier refuge dans les haies, les jardins des villages, et même les bâtiments et sur les toits. Mes
chiens en ont bien forcé un dans le village de
Chauvency-Saint-Hubert, près de Montmédy, sous
le lit d'une femme qui, ne soupçonnant pas un
lièvre à pareille place, jetait des cris d'effroi à la
vue de dix grands chiens se précipitant tout-à-

coup chez elle en hurlant et en renversant elle et
ses meubles pour arriver plus vite au pauvre
lièvre. — Voici un fait dont tout Montmédy a été témoin en 1818 : un lièvre, que mes chiens chassaient
vivement depuis trois heures, et qu'ils allaient
forcer, ne sachant plus que devenir, est entré par
la porte devant les sentinelles dans la ville haute
de Montmédy, les quinze chiens à sa suite ; après
avoir traversé toutes les rues, il a gagné le rempart,
du haut duquel il a sauté avec l'un de ces chiens à
cent pieds plus bas dans le fossé où, comme on
peut le penser, ils ont été écrasés tous les deux.
Encore heureusement ai-je pu accourir assez à
temps pour rompre les autres chiens, car, aveu-
glés par leur ardeur, ils allaient tous sauter aussi.
J'avoue cependant qu'il y a des cas, et ces deux
derniers sont du nombre, où l'action du lièvre
s'explique plutôt par la peur que par la ruse.

On chasse le lièvre à courre, soit à pied, soit à
cheval. Dans un autre article, je parlerai de sa
chasse au chien d'arrêt.

§ 1er. — CHASSE AUX CHIENS COURANTS A PIED.

Comme cette chasse est de toutes celles aux
chiens courants la plus pratiquée, par conséquent
la plus intéressante pour la généralité des chasseurs, on comprendra que je doive entrer à son
sujet dans de plus grandes explications dont, au
surplus, une bonne partie peut encore s'appliquer
aux autres chasses, et même les compléter, sauf,

bien entendu, quelques différences et modifications laissées au discernement des chasseurs.

Certains chasseurs ne courent le lièvre qu'après avoir remis. Un peu après la rentrée du matin, le piqueur, tenant en laisse un limier, ou un chien courant, ou seulement un chien d'arrêt, longe la lisière du bois jusqu'à ce qu'il ait rencontré une voie qui lui convienne ; il fait la brisée au rembûchement, et il va au rapport. Au moment de la chasse, il découple à la brisée, en appuyant les chiens jusqu'au lancé. On prétend que c'est le moyen de n'avoir que le gibier qu'on veut chasser, et de s'éviter beaucoup de peine et de temps perdu. Je comprends ces raisons, et néanmoins je ne les accepte pas, parce que ce qui se fait là est trop contraire aux règles et aux usages de la chasse : on remet le loup, le sanglier et le cerf, le chevreuil rarement, mais jamais le lièvre ni le renard ; on cherche même à en dégoûter les limiers. D'ailleurs, donner ainsi aux chiens le lièvre tout trouvé, sans qu'ils aient eu la peine de le chercher, c'est les rendre paresseux. En chasse ordinaire, comme en grande chasse, on se contente de découpler au bois ou en plaine, et tout en excitant les chiens de la voix et du geste, on bat plus ou moins au hasard les taillis, les broussailles, les labourés, enfin tous les endroits où l'on présume qu'il doit se trouver un lièvre. J'ai dit combien il était essentiel pour réussir, de considérer le temps qu'il fait, la saison où l'on se trouve, la nature du terrain, etc. L'heure la plus favorable

pour commencer, c'est le matin au lever du soleil
ou peu d'heures après ; alors les voies des lièvres
qui viennent de rentrer au bois sont encore
chaudes de leurs émanations. Cependant c'est dans
l'après-midi qu'on est plus certain d'avoir à lancer
un levraut, parce que, se remettant debout vers
trois ou quatre heures, il a fait quelques tours
dans le bois. Le piqueur (1), après avoir découplé
ses chiens, les pousse et appuie à bon vent ; il
entre avec eux sans hésiter dans les broussailles et
dans les fourrés ; il leur parle avec affection, en
les appelant par leurs noms ; il les encourage quand
il les voit bien faire ; il les réprimande quand ils
font mal ; il les aide de ses conseils, il va à leur
secours s'il les voit embarrassés ; en même temps,
il a les yeux et les oreilles tout autour de lui. Que
deviendraient des chiens livrés à eux-mêmes ? A
la chasse, quand on a peur de ses peines, on ne
fait jamais rien. On ne saurait même croire combien il importe, pour assurer le bon service des
chiens courants, que ce soit la personne qu'ils connaissent le plus, et qui a le mieux obtenu leur
confiance, qui les dirige et leur parle pendant la
chasse ; ils lui obéiront au premier mot. — Pendant
que les chiens sont en quête, ou qu'ils n'ont encore que rencontré sans avoir lancé, les chasseurs
et le piqueur lui-même doivent ne pas se trouver

(1) Par habitude d'état, je dis toujours le piqueur ;
mais on entendra bien que c'est un chasseur, du moins
dans la plupart des cas.

au milieu d'eux, encore moins les devancer; non-
seulement ce serait les déranger et les distraire,
mais aussi s'exposer, en foulant des voies avec les
pieds, à y détruire le peu de sentiment qui peut
s'y trouver. Il faut également se garder de trop
presser les chiens, car ils pourraient passer sur
des voies sans les goûter et s'y rabattre. Tout en
les animant modérément, il faut leur donner le
temps de réfléchir, et laisser leur instinct parler
de lui-même. — Quand une enceinte a été battue
sans que les chiens y aient rencontré, il faut les
pousser à une autre; si on trouve celle-ci trop
grande, on la raccourcira en deux ou trois parties
pour faciliter la quête. Partout, on fera le tour
d'une enceinte et on cherchera à revoir sur les
chemins, sentiers, terrains humides qui s'y trouvent; il faudra bien qu'on finisse par rencontrer.
A la grande chasse, il est d'usage que le piqueur
sonne *la quête* pendant cette opération; c'est autant pour exciter l'ardeur des chiens que pour
prévenir les chasseurs. Sans doute, le son de la
grande trompe accompagnant la voix des chiens
est d'un très-bel effet au milieu des bois; mais si
ce n'est pas seulement le plaisir des oreilles qu'on
vient chercher, si l'on veut encore et surtout s'assurer du gibier, je dirai franchement que cette
manière bruyante d'annoncer les divers mouvements de la chasse offre plus d'inconvénients que
d'avantages : en effet, le lièvre qui entend tout ce
tapage ajouté aux voix des chiens et aux cris des
chasseurs, se met plus vite sur pied et prend plus

d'avance, ou bien, effrayé et ne sachant plus de quel côté partir, il s'applatit dans son gîte qu'il ne quittera qu'autant que les chiens et les chasseurs seront tout-à-fait sur lui. Aussi, en chasse ordinaire où l'on cède moins à l'empire des usages, s'abstient-on des trompes; on les remplace par de petits cornets qui, sans rien déranger, rendent les mêmes services.

Dès que les chiens ont rencontré, ils donnent des voies de rapproche, et le lancé ne se fait ordinairement pas attendre. En grande chasse, on sonne alors le *lancé*, et tout aussitôt la fanfare du lièvre; la hase et le levraut se lèvent du gîte et prennent fuite plutôt que le bouquin; celui-ci, moins effrayé et ayant plus de confiance dans ses forces, ne part qu'au dernier moment, souvent même sous le nez des chiens. Le piqueur qui voit le lièvre sonne la *vue*. Quelquefois, cependant, ce ne sont pas les chiens qui ont fait lever le lièvre, c'est le piqueur ou un chasseur; il faut alors qu'il crie *vloo*, ou *velloo*, tant pour l'apprendre aux autres chasseurs, que pour amener les chiens sur la voie et faire lancer. Au premier lancé, on peut sans inconvénient donner aux chiens le lièvre à vue; mais aux lancés qui se feront plus tard il faut bien s'en garder, autrement les chiens s'efforceraient de prendre le lièvre et se fatigueraient mal à propos; ils pourraient même sur-aller la voie et faire un grand défaut. C'est la voie surtout qu'il faut montrer aux chiens courants, et non le lièvre, car ils ne sont pas des lévriers; c'est par le nez

qu'ils doivent tout faire. — Avant de commencer la
chasse, il a dû être arrêté entre les chasseurs si le
lièvre pourrait être tiré, ou bien s'il devrait être
forcé; dans les deux cas, et en chasse ordinaire
comme en grande chasse, il n'est pas convenable
de le tirer au départ, bien moins encore au gîte,
ce serait terminer la chasse à son début. La règle,
d'accord avec le bon sens, veut qu'il y ait chasse
suivie, c'est-à-dire que le lièvre soit lancé, couru,
qu'il se défende, etc., autrement il n'y aurait pas
chasse. — Le lièvre étant lancé, le piqueur doit le
reconnaître soit par le pied, soit par la vue, et
mieux encore par les deux quand il le peut, afin
que, si c'est une hase ou un trop jeune levraut
qu'on ne doive pas chasser, il rompe à l'instant
les chiens et les reprenne pour faire la recherche
d'un nouveau lièvre. Je ferai cependant observer
que si on enlevait ainsi trop souvent un lièvre aux
chiens, qui viennent de le trouver après tant de
peine, on s'exposerait à les décourager. Le piqueur,
en même temps, examinera avec la plus minutieuse
attention tous les caractères du pied, afin d'être
en mesure si, plus tard, il se fait un change, ou si
le lièvre revient sur la voie. Ayant ainsi le signa-
lement du lièvre, il pourra avec sécurité se mettre
à suivre les chiens. Quand on chasse à tir, c'est
tout aussitôt après le lancé que les chasseurs courent se poster à bon vent sur les passages qu'on
présume que le lièvre prendra dans sa fuite; généralement, c'est à la lisière du bois, dans une
clairière, le long d'un fossé, sur des chemins ou

sentiers, aux endroits surtout où plusieurs se croisent, ou bien aux environs du premier lancé. Ce
dernier poste est souvent donné aux personnes
qui, désirant participer à la chasse, ne veulent
néanmoins pas se fatiguer à la suivre; elles y
attendent que le lièvre, surtout si c'est une hase
ou un levraut, après plusieurs randonnées, re-
vienne une fois, et même assez souvent deux fois.
Chaque chasseur restera tranquillement au poste
par lui choisi, jusqu'à ce qu'il ait connu par la voix
des chiens de quel côté le lièvre se dirige; si c'est
vers lui, il en profitera pour le tirer. Mais s'il comprend que le lièvre s'éloigne, il doit suivre la
chasse et essayer de gagner plus loin les devants à
bon vent. Le lièvre, en courant sur la terre et sur
les chemins, ne fait aucun bruit à cause des poils
en brosse dont le dessous de son pied est garni;
s'il court sur des feuilles sèches, on l'entend d'assez
loin.

Quand le lièvre doit être forcé, il n'y a pas à se
poster; tous les chasseurs n'ont qu'à suivre la
chasse pour jouir du spectacle des manœuvres du
lièvre et des chiens. Si le lièvre de chasse est un
bouquin, il perce et gagne rapidement pays; ce
n'est qu'après avoir mis une assez grande distance
entre lui et les chiens qu'il s'arrête un instant
pour les écouter; après quoi, il reprend sa course;
plus loin, il recommence, essaie plusieurs ruses,
etc.; on en a vu qui ont ainsi entraîné une meute
jusqu'à trois lieues du premier lancé. Malgré tout
cela, suivi par de bons chiens, il faudra bien qu'a-

près plus ou moins de temps et d'efforts, il soit ramené. Si c'est une hase ou un levraut, ils ne se feront battre qu'aux environs du canton qu'ils habitent. Le piqueur, toujours à la suite des chiens, observe comment ils travaillent; en même temps, il cherche à revoir le lièvre le plus souvent possible pour comprendre comment il se défend, et chaque fois qu'il revoit il sonne la *vue*. Pendant tout le cours de la chasse, il doit aussi s'assurer de temps en temps si la voie emportée par les chiens est toujours celle du lièvre de meute, s'ils ne sont pas sur le contre-pied, ou si le lièvre n'est pas revenu sur ses voies, etc. Dès qu'il s'apercevrait qu'il y a change, ou contre-pied, ou retour, il faudrait qu'il criât aux chiens *au retour!* pour les appeler en arrière et les remettre sur la bonne voie. En grande chasse, on sonne alors le *retour*. Le change se fait assez souvent, parce que, comme il y a ordinairement plusieurs lièvres dans une même enceinte, il s'en lève un devant des chiens en chasse d'un autre, ou bien, pendant qu'ils demeurent en défaut, ils peuvent, surtout étant jeunes et ardents, confondre et oublier. C'est au commencement de la chasse que le change est le plus dangereux, quand les chasseurs et les chiens n'ont pas encore appris à connaître le lièvre de meute. Il est évident que s'il se prolongeait, il faudrait renoncer à forcer; les chiens ne chasseraient même pas longtemps, ils quitteraient au premier défaut. Cependant on conçoit qu'à part la question d'art, l'inconvénient serait moindre en chasse à tir. Assez souvent, ce n'est pas la meute tout entière qui prend le change ; pendant qu'une partie des chiens continue à courir le lièvre qu'on leur a donné, les autres poursuivent le nouveau ; alors il se fait deux chasses. Quand le piqueur n'a rien qui lui apprenne de quel côté se trouve la bonne chasse, il doit à l'instant rompre et rallier vers les chiens de tête qui lui inspirent plus de confiance. Il y a encore une autre espèce de change qui se fait quelquefois, même avec de bons chiens, mais habitués à chasser tantôt un gibier, tantôt un autre ; c'est quand, au milieu d'une chasse, un chevreuil ayant bondi devant eux, ou un renard s'étant élancé, ils quittent le lièvre pour le suivre. On l'apprend bientôt au redoublement d'ardeur des chiens, à la chaleur des voix, et surtout à ce qu'il ne se fait pas de défaut. Alors, on sonne la fanfare de l'animal qui a occasionné le défaut, et on agit comme je viens de le dire pour faire cesser le change. — Quand la terre est sèche et la voie ancienne, souvent les chiens, les jeunes surtout, prennent le contre-pied, et comme il fait alors mauvais-revoir, les chasseurs en sont dupes pendant plus ou moins de temps. Dès qu'on en a le soupçon, il faut se porter aux terrains sur lesquels il fait beau-revoir, afin d'y reconnaître les voies, et s'il y a réellement contre-pied, on doit rappeler en arrière les chiens qu'on ne manquera pas de gronder et même de corriger, car c'est un défaut essentiel. Très-souvent le lièvre, mais la hase et le levraut plus que le bouquin, revient sur sa voie ; on s'en assure aux en-

droits où les traces sont très-apparentes. Il y a
encore un autre moyen : pendant la chasse, de
temps en temps, le piqueur qui rencontrera les
voies du lièvre de meute les effacera de distance en
distance avec son pied ; cela lui apprendra plus
tard s'il y est repassé. En général, les chasseurs qui
aperçoivent le lièvre de meute ne doivent pas enlever les chiens aux voies qu'ils emportent à une
certaine distance de lui pour les amener, en coupant au court, sur des voies plus rapprochées ; ce
serait les déranger et même les habituer à suivre
la voie avec moins d'attention, parce qu'ils comp-
teraient trop sur le chasseur. Cependant quand
un lièvre, après avoir multiplié les tours et les détours dans une enceinte, en est sorti, il est évident qu'au lieu de laisser les chiens perdre leur
temps et se fatiguer mal à propos à suivre toutes
ses voies en les démêlant les unes après les autres,
il vaut mieux les appeler à en reprendre en avant.

Ce sont les ruses du lièvre et les défauts où elles
font tomber les chiens qui rendent cette chasse si
difficile. Aussi, à mes yeux, le premier de tous les
chasseurs est celui qui sait le mieux faire lever les
défauts. Ce n'est pas au bois, c'est en plaine, dans
les labourés, dans les marais et sur les chemins
qu'il se fait les plus grands défauts ; cela se conçoit : au bois, le terrain, plus humide, mieux
abrité, conserve le sentiment des voies longtemps
encore après qu'il est dissipé en plaine par le soleil et par le vent ; d'ailleurs, au bois, il n'a pas été
laissé seulement sur les voies comme en plaine,

mais encore aux branches, herbes, etc., touchées
par le corps du lièvre quand il les a traversées.
Aussi les chiens rencontrent-ils encore au bois
bien après qu'ils ne le peuvent plus en plaine.
Quand les défauts sont faciles à lever, il n'y a
qu'à laisser faire les chiens et leur instinct ; si
on les aidait, ils finiraient par ne plus même
prendre la peine de s'en occuper, et ils deviendraient paresseux. Dans toute meute bien organisée, il y a des chiens dignes de confiance auxquels l'expérience et de bonnes leçons ont appris
à n'être plus dupes des manœuvres du lièvre ;
lorsqu'il y a un embarras, les autres regardent ce
qu'ils font, et dès que ces chefs ont prononcé,
toute la meute marche à leur suite. Cependant,
quand les défauts sont difficiles à lever, il ne faut
pas trop compter sur les chiens ; il y a tel cas, par
exemple la terre étant très-desséchée, où les meilleurs tombent en défaut, et même ne peuvent en
sortir sans le concours des chasseurs ; il y a alors
nécessité de les aider. Mais il y a des chasseurs qui
ne se donnent pas cette peine : un défaut qui dure
un peu de temps mettant leur patience à bout, ils
abandonnent le lièvre de chasse, qui cependant
n'est peut-être qu'à deux pas, reprennent les
chiens et vont ailleurs essayer d'être plus heureux
avec un autre. C'est esquiver la difficulté, ne pas
se conduire en vrai chasseur, et en outre gâter ses
chiens. C'est surtout en requêtant avec attention
et intelligence à la suite d'un défaut difficile qu'on
forme et conserve de bons chiens. La règle veut

que tout lièvre couru soit tué ou forcé ; le laisser,
parce qu'on ne le retrouve pas de suite, et qu'il
sait trop bien se défendre, est quelque chose d'humiliant pour des chasseurs et pour des chiens. Un
bon praticien ayant l'expérience des ruses et habitudes du lièvre, ne laisse rien au hasard quand il
s'agit de sortir d'un défaut difficile ; c'est la cause
elle-même de ce défaut qu'avant tout il s'attache à
étudier et à découvrir ; une fois qu'il l'aura connue,
il trouvera facilement les moyens. Les causes les
plus fréquentes des défauts sont la nature du terrain, un retour sur la voie, un relaissé, un à bout
de voie quand le lièvre, après plusieurs sauts, a
couru plus loin, la pluie ou une forte rosée, ou la
poussière, ou les miasmes des marais qui, en pénétrant les nascaux des chiens, ont altéré la finesse
de leur odorat, etc., etc. Il y a des terrains sur
lesquels les chiens perdent toujours plus ou moins
de leurs avantages, tels sont les chemins empierrés
ou couverts de poussière, les labourés, les marais, etc. Si on remarque qu'après avoir bien chassé
jusque-là, ils n'ont commencé à mal chasser qu'à
leur arrivée sur le terrain où le défaut s'est fait, on
doit penser que c'est ce dernier terrain qui, par sa
mauvaise nature, a occasionné le défaut. C'est donc
lui qu'il faut d'abord inspecter avec la plus grande
attention, particulièrement aux chemins et endroits humides qui peuvent s'y trouver. Si on n'a
rien reconnu, c'est que le lièvre a été plus loin ;
mais il doit se trouver dans un rayon plus ou moins
grand de l'endroit du défaut. On peut commencer

la recherche en poussant les chiens vers la partie
de ce rayon sur laquelle le lièvre semblait se diriger au moment du défaut; néanmoins, il peut
se faire qu'il en ait été détourné ensuite par
quelque chose qui l'aurait effrayé, par exemple
des hommes ou des chiens; le chasseur l'appré-
ciera en voyant ce qui se trouve dans la plaine de
ce côté. Un moyen au moins aussi certain, c'est de
diriger sa recherche, en considérant sur lequel des
terrains environnants il est plus probable que le
lièvre s'est rendu à cause du temps qu'il fait, de ses
habitudes et du besoin qu'il éprouve de se défendre;
ainsi, s'il pleut, il n'a pas dû rester au bois, il doit
être en plaine, dans un lieu sec; s'il fait grand
froid ou grand vent, on peut au contraire croire
qu'il a quitté la plaine pour rentrer au bois. On
doit toujours penser qu'il aura recherché le terrain qui lui offrait le plus de facilités pour ruser,
par exemple un chemin, les bords d'un ruisseau,
un labouré, un endroit pierreux, etc.; mais si,
même en agissant d'après ces indications, on n'a
pas encore réussi, il faut avoir recours aux grands
moyens : on enveloppe le défaut en faisant décrire
par les chiens autour du terrain sur lequel il a eu
lieu, un cercle qu'on élargit de plus en plus jusqu'à ce qu'ils aient rencontré. Si le défaut s'est fait
au bois, on fera bien de commencer par des arrières, parce qu'il est probable que le défaut est
venu de ce que le lièvre a fait retour; si, au contraire, il s'est fait en plaine, dans un lieu où les
chiens perdent leurs avantages, par exemple un

labouré récent, il faut commencer par des devants,
parce qu'il est plus probable que le lièvre a pris
de l'avance. On suppose alors que, plus loin, arrivé sur un terrain d'une autre nature, on trouvera la voie mieux conservée. Il est vrai que
quelquefois dans cette recherche on fait lever un
lièvre autre que celui de meute ; il faut beaucoup d'attention et d'expérience pour ne pas s'y
tromper. On doit à l'instant rompre les chiens.
Mais si cette manœuvre elle-même n'a encore rien
produit, le cas devient très-embarrassant ; cependant, il reste une dernière ressource : puisqu'en
décrivant ainsi un cercle autour du lieu du défaut,
on n'a pas rencontré le lièvre ni sa sortie, il devient par cela même probable qu'il est resté dans
l'intérieur du cercle ; entendant du bruit de tous
les côtés, il se serait aplati derrière une touffe
d'herbe ou entre deux grosses mottes de terre,
d'où il n'aurait plus osé partir ; en cet état, il aurait échappé aux recherches des chiens, échauffés
par la chasse et se dépassant à l'envi. Alors, le piqueur sonne un *appel* à tous les chasseurs qui,
réunis, foulent avec les pieds tous les endroits qui
peuvent recéler le lièvre, tels que buissons, herbes,
mottes de terre, etc.; s'il est là, il faudra bien
qu'enfin il se lève, et qu'il soit relancé. Alors le
piqueur sonnerait le *relancé* et la chasse serait
reprise. Si on échoue encore, il faut bien abandonner le lièvre, car on ne peut plus présumer
où il est, mais on a tout fait, et on n'a rien à se
reprocher. Ce cas arrive bien rarement, je me

hâte de le dire. Quel que soit le résultat, un défaut
long et difficile à lever sert de bonne leçon pour
les chiens, surtout quand on a réussi ; à nouvelle
occasion, ils se souviennent de ce qu'ils ont fait
et ils recommencent. En outre, soyez sûrs qu'au
relancé, ils redoubleront d'ardeur et que peut-être
même ils forceront le lièvre qui, déjà refroidi, avec
les jambes raides, ne prendra plus d'avance.

Ordinairement, le lièvre ne se fait pas battre
longtemps sous bois, surtout si le temps est à la
pluie ; il prend la plaine avec avance sur les chiens ;
alors le piqueur sonne le *débûché* pour en prévenir
les chasseurs. Le lièvre, qui court mieux en montant qu'en descendant, parce que ses jambes de
devant sont plus courtes que celles de derrière,
cherche à gagner les hauteurs sur lesquelles il est
bon que quelques chasseurs se trouvent placés ;
ils verront de loin la direction du lièvre, et au besoin ils gagneront les devants pour le tirer. Le
lièvre traversera les labourés ou longera un chemin, afin d'essayer d'y mettre les chiens en défaut. Si le défaut se fait dans un labouré, le piqueur agira comme j'ai expliqué ci-dessus ; si
c'est sur un chemin, il s'attachera à reconnaître la
trace sur la boue ou sur la poussière. Il est même
utile d'avoir pour ce genre de défaut très-fréquent
et souvent difficile à lever, un chien qui chasse le
nez sur la boue ou sur la poussière des chemins ;
dès qu'il a retrouvé, il donne des voix de rapproche
en suivant le chemin ; le piqueur lui rallie les
autres chiens et ils lèvent le défaut ; le lièvre, qui

a quitté le chemin, mais qui n'en est pas loin, fait un nouveau défaut; le piqueur commence par requêter sur le devant; s'il ne retrouve pas, il se rabat sur l'arrière et les chiens relancent. Poursuivi partout et déjà fatigué, le lièvre rentre au bois; dès ce moment, de bons chiens ne doivent plus le perdre ni faire de change, et même ils n'ont plus autant besoin de l'aide du piqueur.

Au bois, le lièvre ne prend plus autant d'avance qu'en plaine, mais il revient sur ses pas et se rase plus souvent, quelquefois même c'est tout près des chiens. A mesure qu'il perd de sa confiance en ses jambes, il redouble de ruses et fait faire les grands défauts dont j'ai parlé; aussi est-ce pour les chasseurs le moment de redoubler de vigilance, car il peut leur échapper. Il essaie encore de perdre les chiens sur les chemins; il ne fait plus que de courtes randonnées dans l'enceinte, pendant lesquelles il est très-facile à tirer; les chiens ne suivent plus aussi bien sa voie sur laquelle il laisse de moins en moins de sentiment, mais ils le lancent souvent à vue; il est sur ses fins : on le voit efflanqué, harassé, crotté, s'il fait de la boue, noir de sueur, le dos arrondi, les jambes raides; il n'en peut plus; les chiens, dont l'ardeur est de plus en plus excitée, lui soufflent au poil mais le manquent plusieurs fois, parce que, sous leur nez même, il fait des crochets et se rase à chaque instant; enfin ils le gueulent. Si vous avez été content d'eux, laissez-leur le lièvre pour les récompenser, car il n'y a rien pour encourager et former des chiens comme l'abandon qu'on leur fait, de temps en temps, de la bête en curée chaude ; tout au moins donnez-leur le plaisir de le fouler un peu et de lécher son sang. Au moment du coup de fusil ou du forcé, le piqueur sonne l'*hallali sur pied,* et, tout aussitôt après, l'*hallali par terre ;* ensuite il fait la curée.

J'ai parlé de forcer ; mais, à la chasse à pied du lièvre aux chiens courants, on y parvient rarement, surtout quand on a affaire à un vieux bouquin ; il s'y fait trop de défauts ; pendant qu'on perd du temps à les lever, le lièvre a gagné de l'avance et préparé de nouvelles ruses. Cependant, si les chiens n'ont pu forcer, il est bon que, de temps en temps, ils croient l'avoir fait ; aussi, quand, à la fin de la chasse, le piqueur les voit trop fatigués pour forcer, et qu'il veut les encourager, il tire quelquefois le lièvre devant eux, en tâchant même de le blesser seulement de manière à ce qu'il courre encore un peu, et il le leur laisse prendre ; c'est ce qu'on appelle un demi-forcé.

Après la curée, le piqueur rassemble ses chiens, qu'il a soin de faire boire, car ils sont échauffés par la chasse. A tir, ordinairement on recommence avec un nouveau lièvre, on peut même en tuer deux ou trois dans la journée ; mais, lorsqu'on a forcé, la fatigue des chiens ne permet que rarement de recommencer, à moins qu'il n'y ait un relai.

La chasse étant terminée, le piqueur sonne la *retraite prise,* et il reprend avec ses chiens le chemin du chenil. S'ils y rentrent harassés de fatigue, mouillés, refroidis, comme cela arrive souvent, il fera bien, dans l'intérêt de leur santé, de faire allumer un feu clair de fagots près duquel ils se réchaufferont; quand ils seront bien séchés, il les fera bouchonner par le valet; ensuite on leur distribuera leur soupe. S'ils ont été bien fatigués dans une chasse, il faudra les laisser reposer le lendemain, car on ne doit pas abuser de ses chiens, une bonne meute ne se refaisant jamais que très-difficilement. Je dirai à ce sujet que certains chasseurs, pour avoir dans leur meute tous chiens du même pied, réforment les plus vites; mais c'est se priver de ses meilleurs chiens, tandis qu'il y a un moyen bien simple de tout arranger : le lendemain d'une chasse dans laquelle tous les chiens ont été employés, on recommence avec les plus vites seulement, qui ainsi se fatiguent pendant que les autres se reposent, et le surlendemain on se remet en chasse avec tous. En continuant pendant quelque temps, on donne à la meute le même pied et on se fait des chiens de tête.

§ 2. — CHASSE A CHEVAL DU LIÈVRE AUX CHIENS COURANTS.

A cette chasse, où tout le monde étant à cheval, il y a moins de temps à perdre, le piqueur appuie les chiens jusqu'au lancé par les mêmes moyens que pour la chasse à pied; il sonne tous les mouvements; il suit à cheval les chiens; il revoit plus souvent; présent à la plupart des ruses, il facilite la levée des défauts; au débûché, il prend les grands-devants, et c'est souvent à une grande distance des chiens qu'il revoit; il arrive au lièvre; il remet les chiens sur la voie encore chaude, s'ils l'ont perdue. Presque toujours à cette chasse il y a un relai; il est même indispensable quand le lièvre de meute est un vieux bouquin aux jarrets solides, habitué à se jouer des chiens; or, le lièvre se sentant poussé si vivement, n'a pas le temps d'essayer ses grandes ruses ni de les finir; se rasant plus souvent, il est chaque fois relancé et bientôt forcé. Alors on sonne l'hallali, fait la curée, etc. On peut recommencer avec un autre lièvre.

ARTICLE IV.

LE LAPIN. — CHASSES.

La chasse la plus facile, la plus commode, et aussi la plus agréable pour les amateurs qui ne veulent pas courir et se fatiguer, est celle du lapin: quel que soit le temps, on l'a toujours sous la main, elle dure autant qu'on le veut, et elle est encore une ressource quand les autres chasses manquent. Pas d'équipage ni de troupe, pas à détourner ni à remettre, pas de devants ni d'arrières à prendre, pas de ruses à démêler, pas même besoin de connaître la chasse; les chiens ont perdu un lapin, un instant après ils en trouvent un autre; ainsi on est toujours en chasse, et si la garenne est bien peuplée, on peut tirer très-souvent. Il faut bien tous ces avantages pour indemniser un peu des dégâts que font les lapins.

Pour bien chasser ce gibier, il suffit d'un ou deux vieux chiens de lièvres dont c'est la retraite, et mieux encore de pareil nombre de bassets à jambes torses qui, démêlant plus facilement les allées et venues des lapins, parce qu'ils sont moins vites et qu'ils ont le nez plus près de terre, ne les perdent jamais, quelles que soient leurs manœuvres, jusqu'à ce qu'ils les aient forcés à rentrer au terrier. Il faut bien se garder de mettre de jeunes chiens à cette chasse, car ils n'y feraient rien de bon, et même ils s'y gâteraient.

Tous les soirs après le coucher du soleil, en hiver c'est plus tard, les lapins, sortis des terriers, quittent le bois pour se répandre dans les champs et les prés des environs, où ils passent la nuit à brouter et à jouer entr'eux ; dès le point du jour ils se remettent aux terriers ; cependant quand le temps n'est pas trop froid ou trop humide, il en reste toujours dehors quelques-uns qu'on peut chasser ; mais il vaut mieux, pour être certain d'en trouver un grand nombre, envoyer vers minuit boucher toutes les gueules des terriers ; le matin, quand ils veulent rentrer, trouvant leur retraite coupée, ils sont forcés de rester sous bois. Le soleil étant levé, on découple aux environs des terriers en appuyant les chiens, et en foulant avec eux les broussailles, ronces, épines, bruyères, tas de pierres, ramiers des bûcherons, etc., dans les-

quels les lapins se sont blottis; ce n'est ordinairement que quand les chiens et les chasseurs sont
arrivés sur lui, qu'un lapin se décide à se lever en
bondissant sous leurs pieds; alors dans sa course,
plus rapide et beaucoup plus irrégulière que celle
du lièvre, il est comme une boule qui, en roulant,
ricocherait à droite et à gauche, et il semble couler
et glisser au milieu des endroits les plus fourrés;
mais, s'il est suivi vivement, comme il se fatigue
bientôt, il cherche à rentrer plus vite au terrier;
si, au contraire, il ne se sent pas pressé de trop
près, il s'arrête de temps en temps, écoute, tourne,
va et revient sur lui-même dans une petite enceinte, se rase souvent et ne repart qu'à vue sous
le nez des chiens; il se laisse battre ainsi quelquefois pendant trois quarts d'heure avant de penser
à se terrer. Si les gueules sont bouchées, il retourne sous bois, se fait battre de nouveau dans
les fourrés, et se représente encore au terrier,
mais il ne va jamais en plaine. C'est surtout au
passage des chemins et sentiers qu'il est difficile à
tirer, parce que, s'en défiant, il ne traverse jamais
que trop vite pour qu'on ait le temps de l'ajuster;
aussi vaut-il mieux l'attendre tant sur les terriers
que sous bois, en s'y postant dans les ravins ou
petits vallons, et surtout aux endroits où l'on a
remarqué des coulées annonçant un passage habituel.

Comme il est très-défiant et qu'il a l'ouïe très-
fine, il faut s'attacher à ne faire que le moins de
bruit possible, et surtout à ne courir, pour gagner

les devants afin de le tirer, que lorsque les chiens
donnent des voix, parce qu'alors, occupé à les
écouter ou à fuir, il s'en apercevra moins.

Pour bien tirer le lièvre, il faut d'abord le laisser
filer; ce n'est pas cela pour le lapin : souvent à
peine voit-on où il est, et moins encore où il va;
aussi presque toujours, n'ayant pas le temps de
l'ajuster, on ne peut le tirer qu'au juger, en jetant
son coup en avant de la refuite probable. Les chasseurs postés doivent se préparer le fusil à l'épaule
pour que le lapin, quand il arrive, n'ait pas le temps
de voir le mouvement et de l'éviter; je dirai même
que si tant de chasseurs, adroits dans toutes les
autres chasses, manquent souvent les lapins, cela
ne tient qu'à ce défaut de précaution. Comme on
le voit, l'essentiel à cette chasse, c'est un coup-
d'œil sûr, une grande prestesse de mouvement et
beaucoup d'habitude.

Quand les terriers n'ont pas été bouchés, on
peut aussi chasser au furet; mais il faut être
prompt à viser et à serrer la détente, car la sortie
du lapin est alors très-rapide; il est vrai que si
on l'a manqué, on peut mettre sur la voie les
chiens, qui le ramèneront aux environs du terrier,
où il pourra être tiré de nouveau. Il ne faut pas
fureter quand la terre est couverte de neige, ni
surtout faire du bruit sur le terrier, parce qu'alors
le lapin, au lieu de sortir, se laisserait prendre par
le furet.

Il est rare que, de jour, on rencontre un lapin
en plaine dans les empouilles. Il se laissera alors

facilement arrêter et même il tiendra bien l'arrêt,
mais, au départ, il sera très-difficile à tirer à cause
des crochets qu'il fait en choisissant les endroits
les plus fourrés où on le verra à peine.

A moins qu'on n'ait des raisons pour diminuer la
population, il convient de ne commencer à chasser les lapins qu'au mois d'août, et de cesser au
mois de février, parce que, en dehors de ce temps,
toutes les femelles sont pleines et les lapereaux
sont encore trop jeunes.

SECTION 3. — Gibier à Plumes.

ARTICLE 1er.

CHASSES DIVERSES AU CHIEN D'ARRÊT.

§ 1er. — CHASSE EN PLAINE :

1° *Des Perdrix grises, des Cailles, des Râles de
genêts et des Lièvres.*

Quelques personnes seulement chassent au bois
parce qu'elles possèdent des chiens courants, mais
tout chasseur a son chien d'arrêt et chasse en
plaine; aussi ce qui est relatif à cette dernière
chasse offre un intérêt plus général. Ce sont deux
genres si différents, surtout par leurs moyens
d'exécution, qu'il est rare de rencontrer une per-

7

sonne réussissant aussi bien dans l'un que dans
l'autre. Au bois, ce sont les chiens qui, secondés
par le piqueur, font toute la besogne ; le chasseur,
sans se donner plus de fatigue qu'il n'en veut avoir,
n'a qu'à suivre la chasse ; quelquefois même il se
contente d'attendre, parce qu'il sait que le gibier
finira par lui être amené. En plaine, le chasseur
ne ferait rien sans le chien, et, de son côté, le chien
ne ferait pas davantage sans le concours du chasseur : mêmes soins, mêmes fatigues. Aussi est-ce
là surtout que le bon chien fait le bon chasseur,
en même temps que le bon chasseur fait le bon
chien.

Au bois, il est indispensable d'ajuster vite et de
tirer vite, parce que, presque toujours, on n'a le
gibier en vue que pendant un court instant dont il
faut profiter, et en cherchant même une éclaircie
où l'on vise d'avance. En plaine, au contraire, où,
en général, rien ne dérange le coup d'œil, le chasseur n'a pas à se presser ; il peut même mettre tout
le temps qu'il lui faudra pour bien ajuster, en se
persuadant qu'on manque beaucoup plus souvent
pour avoir tiré avec trop de précipitation que pour
avoir tiré trop tard. L'essentiel c'est, après avoir
fermé l'œil gauche, assuré la crosse contre l'épaule
et appuyé la joue dessus, de suivre avec le guidon
du fusil le gibier dans sa marche ou dans son vol,
et, tout aussitôt qu'à une certaine distance on
voit son milieu se trouver en ligne droite avec
l'œil et la couche du fusil, de serrer la détente
sans qu'il y ait le moindre temps d'arrêt, parce

qu'autrement, comme le gibier ne se serait pas
arrêté, le coup ne porterait qu'en arrière. C'est
cette différence dans la manière d'ajuster en plaine
et au bois qui explique le mieux pourquoi des chasseurs, très-adroits au bois, manquent souvent en
plaine. Le perdreau qui s'élève à cinq ou six pas
du chasseur, étant tiré dès le départ, sera très-
probablement manqué ou bien mis en morceaux,
ce qui ne vaut guère mieux, parce que le coup
portant si près fait balle; on sera plus sûr de le
tuer en le laissant filer tout en le visant à plein
corps, pour ne le tirer que quand il sera à vingt ou
vingt-cinq pas, car à cette distance le plomb
couvre déjà une certaine étendue. Quand le perdreau part à une vingtaine de pas, il faut, tout en
visant, choisir pour lâcher le coup, le moment où,
après s'être élevé de quelques pieds, il commence
à voler horizontalement. Ce tir est le plus facile;
les deux suivants demandent plus de calcul : le
perdreau qui passe rapidement en travers doit être
tiré en avant; s'il vient droit au chasseur, il doit
être visé un peu au-dessus. Quelques jeunes chasseurs, émus et se précipitant en voyant tout-à-
coup une compagnie de perdreaux s'élever
bruyamment devant eux, ou même dans la pensée
de tuer ainsi plus de pièces, tirent au hasard sans
ajuster aucun perdreau; il en résulte, la plupart du
temps, que le coup ne porte que dans le vide, tandis que si on avait ajusté un perdreau on l'aurait
abattu, et peut-être même encore un autre, atteint
au moment où il serait passé en volant dans la di-

rection du plomb. Le plus sûr est donc de se contenter de viser et tirer un seul perdreau, sauf,
tout aussitôt le coup lâché, à essayer d'en viser et
tirer un second pour faire coup double; après
quoi on regarde ce que les deux perdreaux tirés
sont devenus, ainsi que l'endroit où la compagnie
va se remettre. De cette manière, on acquiert un
coup d'œil juste, et on s'accoutume à tirer sans se
presser, ce qui donne toujours un très-grand
avantage. — Il faut encore moins se presser avec une
caille dont le vol, bien moins élevé et moins rapide
que celui du perdreau, est toujours droit et horizontal; il suffit, pour ne pas la manquer, de viser
haut et de ne tirer que quand elle est arrivée à
vingt-cinq ou trente pas; aussi ce tir est-il
l'*a b c d* des chasseurs. — Aucun gibier n'est aussi
facile à tirer que le râle de genêts, car il n'y a qu'à
viser dessus; le tout est de le déterminer à s'enlever. — Le lièvre au départ, le levraut surtout, s'é-
lancent très-vivement, et tout aussitôt après fait
un crochet, ce qui est cause que le chasseur sans
expérience, d'ailleurs troublé à la vue d'un lièvre
qui tout-à-coup déboule devant lui, le tire presque
toujours trop précipitamment et par conséquent
le manque souvent, tandis que s'il avait eu la patience de le laisser aller, tout en l'ajustant, jusqu'à
vingt ou vingt-cinq pas, il l'aurait nécessairement
roulé. Le lièvre qui part devant le chasseur doit
être ajusté entre les deux oreilles, pour que le
plomb le frappe à la tête et sur le dos; s'il vient à
lui, ce sera sur les pattes de devant; s'il passe en

travers, ce sera à l'épaule. C'est ce dernier tir qui
est le plus facile, et aussi celui qui tue le plus sûrement. Le lièvre qui n'a reçu le coup qu'aux fesses
continue à courir sans que rien y paraisse, *son
cul étant un sac à plomb,* comme disent les vieux
chasseurs. Une patte cassée, deux même, ne l'em-
pêcheront pas de courir et même d'échapper au
chasseur qui n'aurait pas un bon chien pour le
poursuivre ; mais, pendant la nuit, un renard qui
l'aurait suivi au sang ne manquerait pas de le
prendre.

C'est surtout à la chasse en plaine qu'il faut
jouir de ce qu'on appelle bon pied, bon œil ; bon
pied, pour poursuivre sans relâche les perdreaux
qui s'écartent au vol, les rejoindre, les fatiguer, et
les obliger à se disperser, pour ensuite avoir à les
tirer plus facilement; bon œil, pour bien remarquer
de loin les remises du gibier. J'ai toujours reconnu
qu'en plaine le chasseur le plus patient et le meilleur observateur était aussi celui qui, même avec
une adresse ordinaire, tuait le plus de gibier ; c'est
que, pour être bon chasseur et réussir, en plaine
comme au bois, il ne suffit pas de bien tirer, il importe au moins autant de bien connaître la chasse,
les habitudes du gibier, la bonne direction à donner aux chiens, etc. Que de chasseurs jeunes et
ardents, qui, s'impatientant dès qu'ils ne rencon-
trent pas de suite du gibier, s'écartent, courent
de tous les côtés et se fatiguent mal à propos ! Il
faut rester sur le terrain qu'on a entrepris, sans se
lasser de le battre et fouler à bon vent, principa-

lément aux remises et couverts, jusqu'à ce qu'on se soit assuré qu'il ne s'y trouve plus de gibier ; après, on va plus loin. Bien des fois il m'est arrivé de me mettre, comme si je leur cédais les honneurs, derrière des chasseurs qui venaient d'abandonner un canton considéré par eux comme étant dépourvu de gibier, et cependant d'y en trouver encore, même d'y être plus heureux qu'eux dans toute leur chasse.

J'ai déjà dit que, selon moi, les meilleurs chiens pour la plaine étaient les griffons, les braques et les chiens anglais ; les épagneuls ne viennent qu'après eux. J'ai avoué ma prédilection pour les griffons, race excellente en plaine, au marais et même encore au bois, difficile à dresser, mais se conservant beaucoup plus longtemps qu'aucune autre ; robuste et dure, ne craignant ni le froid, ni la chaleur, ni l'eau, ni les fourrés, et par conséquent offrant pour les diverses chasses plus de ressources qu'aucune autre. Malheureusement elle devient rare et même se perd, parce que, sans que je voie pourquoi, elle n'est plus à la mode. On ne veut plus aujourd'hui que du chien anglais, sans penser que s'il excelle dans un genre de service, il ne convient que peu ou même point aux autres, par exemple à la chasse au marais.

En général, et c'est le mieux qu'on puisse faire, chaque chasseur à la plaine a son chien, et chaque chien a son chasseur ; mais on chasse encore de plusieurs autres manières : à deux sur le même chien, les deux chasseurs longeant des deux côtés le terrain à battre, le chien se trouvant au milieu, mais, au départ, chacun par prudence ne doit tirer que de son côté. Quelquefois un seul chasseur a deux chiens qui chassent en se croisant toujours, sans s'écarter de leur maître ; il faut pour cela qu'ils soient bien dressés et pas envieux l'un de l'autre ; ainsi, lorsque l'un tombe à arrêt, l'autre doit rester immobile ; autrement, tout irait très-mal. Il arrive aussi que plusieurs chasseurs se réunissent, ou parce qu'ils n'ont pas assez de chiens, ou parce que la chasse est difficile, pour battre de front une plaine, en se tenant à une quarantaine de pas les uns des autres, leurs chiens devant eux. Chaque fois que l'un d'eux trouve une occasion de tirer, ou qu'il a à recharger, les autres doivent faire halte et l'attendre. Il est difficile qu'on se rende à la remise du gibier, à moins que l'un des chasseurs ne se détache momentanément. Cette manière de chasser en plaine, qui ne diffère de la battue ordinaire que parce que ceux qui y prennent part sont traqueurs en même temps que chasseurs, est très-agréable ; on fait lever beaucoup de gibier, et tout le monde voit ce qui se passe sur la ligne ; mais il est indispensable qu'il ne s'y trouve que des chiens dociles et bien dressés ; autrement, il suffirait d'un seul pour déranger tous les autres. On peut aussi se diviser en deux bandes, marchant chacune à grande distance en demi-cercle l'une sur l'autre.

Les perdreaux ne doivent être tirés que quand, ayant quitté leurs premières plumes et étant par-

venus à peu près à leur grosseur, ils sont maillés ;
c'est ordinairement vers le 15 août. Avant cette
époque ils ne sont encore que ce qu'on appelle des
pouilleux qu'il n'y a aucune espèce d'honneur à
tuer, et qui même ne sont pas bons à manger,
parce qu'ils manquent de fumet. C'est ordinairement vers le 1er octobre que les perdreaux ont
pris toute leur croissance, et sont déjà appelés
perdrix ; alors on distingue les perdrix de l'année
de celles de l'année précédente, tant à la couleur
du pied qui est jaunâtre chez les premières et d'un
gris terne chez les autres, qu'à l'extrémité de la
première plume du fouet de l'aile, qui est en
pointe chez les jeunes et arrondie chez les vieilles.
La partie inférieure du bec se casse chez le jeune
perdreau, tandis qu'elle est résistante chez la perdrix. A la même époque, parmi les perdreaux de
l'année, on reconnaît déjà les coqs et les poules :
les coqs ont derrière le pied un ergot obtus, sur
l'estomac une espèce de fer à cheval de couleur
marron, et ils sont un peu plus gros ; les poules
n'ont qu'un commencement de fer à cheval de la
même couleur. — Au temps de la pariade, le coq
partait le dernier ; en compagnie, c'est lui qui part
le premier, ce qui le rend plus facile à tuer. Il faut
commencer par lui, et après s'adresser à la poule,
pour ensuite avoir plus de facilité avec les perdreaux qui, privés de leurs guides, s'écartant peu,
et même s'éparpillant, pourront être tués les uns
après les autres. En général, les perdrix sont sé-
dentaires et ne s'éloignent que peu des cantons

où elles sont nées; mais quelquefois plusieurs
compagnies très-réduites et trop souvent battues,
se mêlent pour n'en former qu'une, bien plus
nombreuse que d'ordinaire, qui va s'établir dans
un autre canton afin d'y trouver de la tranquillité.
La rencontre d'un endroit peuplé en cailles console le chasseur quand les lièvres et les perdreaux
lui ont manqué. Les chiens les arrêtent facilement.
Celles d'un champ formant une compagnie, ne
s'élevant ordinairement que les unes après les
autres, sans se suivre comme le font les perdrix,
et n'allant se poser qu'à peu de distance, on peut
sans fatigue les tuer toutes. Cependant si la caille
est facile à tirer, une fois manquée elle devient
difficile à relever, car, à peine posée, elle s'éloigne
à pied, après quelques détours se rase, et le chien
passe souvent dessus sans qu'elle bouge ou qu'il
la sente. — Les allures du râle de genêts ne ressemblent en rien à celles de la perdrix et de la caille :
volant très-mal, mais courant très-vite à travers
les empouilles et les herbes devant le chien qui l'a
rencontré, il fait cent détours et même des ruses
pour échapper à la poursuite. Cependant, quand
il a affaire à un vieux chien bien dressé, il finit
par être forcé à s'élever. Un jeune chien auquel
on donnerait souvent des râles à chasser se gâte-
rait. Les cailles et les râles sont de passage; vers
le 15 septembre, il n'en reste déjà presque plus,
du moins dans nos départements du nord.

Le temps le plus favorable à la chasse en plaine
est un beau soleil sans vent, ou un ciel couvert,

mais doux et sans pluie; un grand vent, une forte pluie, la gelée, la neige, la sécheresse font toujours perdre au chien plus ou moins de ses moyens.

Pendant la première huitaine de l'ouverture, les perdreaux, les cailles, les râles de genêts, les lièvres et surtout les levrauts, se tiennent principalement dans les luzernes, trèfles, avoines, orges, sarrasins, sainfoins, pommes de terre, et quelquefois dans les très-jeunes bois plantés. Vers onze heures du matin, quand la grande chaleur donne, les perdreaux descendent aux regains et autres endroits frais ou humides dans lesquels les chasseurs les retrouveront, et avec eux des cailles, des râles et même des lièvres. A la première fraîcheur du soir, les perdreaux remontent sur les hauteurs où les chasseurs iront achever leur journée. Après les huit premiers jours de l'ouverture, les perdreaux et les lièvres, tirés plusieurs fois et effarouchés, se réfugient dans les taillis, dans les champs de la versaine empouillés en luzerne, trèfle, colzas, betteraves, fèverolles, etc., dans ceux où il y a des broussailles et chardons, dans les chaumes des blés, dans les labourés, et même dans les haies, jardins et enclos autour des villages et des fermes isolées. A cette époque, on trouve aussi les cailles aux mêmes endroits, et surtout dans les jeunes plantations. Les râles sont principalement aux regains.

Le jour de l'ouverture étant arrivé, le chasseur, armé de son fusil remis en bon état, emportant ses munitions, et suivi de son chien que, chemin

faisant, il assujétira à se tenir derrière lui, part
de bon matin pour se rendre à la plaine qu'il s'est
proposé de battre; il n'a pas dû oublier un fouet,
ni un cordeau de dix pieds, parce que, à l'ouverture, les meilleurs chiens eux-mêmes, se retrou-
vant à la chasse après en avoir été privés pendant
six mois, s'emportent assez souvent par excès de
joie et d'ardeur, et que c'est le cas de les rappeler
de temps en temps aux bonnes habitudes un peu
oubliées. A son arrivée, le chasseur prendra connaissance de la nature du terrain à battre, de son
étendue, du vent qui règne, etc.; il dirigera sa
chasse en conséquence. Cependant, si la rosée
n'est pas encore essuyée, il fera bien pour commencer, d'attendre qu'elle le soit, parce qu'alors
le chien rencontrera mieux, et que de son côté le
gibier tiendra plus ferme. En marchant, il cherchera à n'avoir le soleil qu'au dos, afin de n'être
pas gêné par les rayons, ce qui fait souvent manquer; néanmoins si, pour éviter ce désagrément,
il y avait nécessité de marcher sous le vent, il
faudrait le supporter, car, à la chasse, la première
chose à considérer c'est le vent. Il faut toujours
s'attacher à ne battre qu'à bon vent; autrement le
chien n'aurait pas le sentiment du gibier, tandis
que le gibier, prévenu de l'arrivée du chasseur et
du chien, partirait presque toujours de trop loin
pour être tiré. Aussi quand bien même, après avoir
battu une pièce, il y aurait un détour à faire pour
aller en reprendre une autre à bon vent, il vaut
toujours mieux se donner cette peine que de l'a-

border à mauvais vent. Presque tous les jeunes chiens, et quelques vieux chiens eux-mêmes, parce qu'ils pèchent par le nez, quêtent et suivent le gibier le nez à terre, souvent même à contre-vent. C'est un défaut, car alors le chien sent bien moins, tandis que le gibier, inquiété en voyant un chien s'attacher ainsi à toutes ses traces, et le suivre jusque dans ses moindres détours, presque toujours part sans même se laisser arrêter. Cependant les meilleurs chiens eux-mêmes sont obligés de chasser de cette manière quand ils sont à mauvais vent. Les perdrix tiennent bien mieux devant le chien qui les évente de loin le nez haut; il ne les approche que par degrés, suivant que le vent lui apprend qu'elles sont inquiètes ou assu-rées; quoiqu'elles le voient à une certaine dis-tance, elles ne s'en épouvantent pas, ne se sentant pas suivies par lui, et elles se laissent arrêter quel-quefois même de très-près. Le chasseur laissera son chien, tout en le surveillant, manœuvrer d'a-près son instinct et les leçons qu'il a reçues; il ira à droite, à gauche, devant, derrière, en visitant tout ce qu'il rencontrera pouvant servir de remises au gibier, comme buissons, touffes d'herbes, sans s'écarter au-delà d'une trentaine de pas; s'il perce et va trop loin, le chasseur lui criera *tourne ici*, afin de le faire revenir à lui tout en requêtant. Pendant la quête, le chasseur ne lui parlera que quand il lui verra faire une faute : si elle n'est que légère, il l'en réprimandera avec douceur, comme s'il donnait un conseil ou raisonnait avec un cama-

rade ; si elle est grave, il prendra un ton sévère,
et même, s'il y a lieu, il corrigera à l'instant.
Beaucoup de chasseurs, surtout quand ils voient
leurs chiens courir et s'écarter, cédant à un mouvement d'impatience et de colère, les corrigent
en leur envoyant un coup de fusil chargé à petits
plombs. Je ne comprends pas, quand il y a tant
de moyens de se faire obéir par son chien, qu'on
risque ainsi de l'estropier, ou même de le tuer, ce
qui causerait des regrets inutiles.

D'un autre côté, si le chien se conduit bien, il
devra être de temps en temps encouragé par une
bonne parole ou par une caresse, car, savoir punir
justement et récompenser à propos, c'est le secret
de la bonne conduite du chien d'arrêt. Chaque fois
que le chasseur aura tiré, il rappellera son chien
pour le faire coucher à ses pieds pendant qu'il
rechargera; s'il ne le faisait pas, le chien continuerait à chasser seul, s'écartérait, et pourrait
bien faire lever un nouveau gibier que son maître
ne serait pas encore en position de tirer. Au moment où, pour une cause ou pour une autre, le
chien semble vouloir s'emporter, le chasseur le
retient et le calme en lui criant *tout beau!* Quand
il a achevé de battre un champ, avant de le rappeler, il faut encore le laisser quêter un peu au-
delà, parce qu'il peut en être sorti du gibier devant
lui. Dans un champ encore empouillé, ou dans
une plantation, presque toujours le gibier court à
pied devant le chien, et ne part que quand le
chasseur est presqu'arrivé à l'autre bout. Un

grand lièvre se tient ordinairement sur l'un des
côtés de la pièce, d'où il se dérobe sans attendre
l'arrêt, tandis qu'un levraut, presque toujours
établi au milieu, se rase et se laisse arrêter. Il y a
des personnes qui, en chassant, non-seulement
crient à leurs chiens, mais font entr'elles des con-
versations très-haut, sans se douter que le gibier
les entend et se tient prévenu longtemps d'avance;
cela est cause qu'il se laisse mal arrêter, ou même
qu'il part avant l'arrivée du chien. Le silence à la
chasse en plaine est de règle presqu'autant qu'à
celle au bois. Un sifflet suffit pour rappeler le
chien, mais il vaudrait encore mieux l'avoir habitué à comprendre et à obéir aux seuls signes de
la main. Un chien jeune et ardent quitte souvent
son maître pour courir au coup de fusil d'un autre
chasseur; il faut alors, tout en lui criant *derrière!*
lui donner une bonne saccade avec le cordeau;
s'il a été trouver l'autre chasseur, on priera celui-
ci de le mal recevoir. Le chasseur, tout en marchant, aura constamment l'œil autour de lui; il
est même bon que, de temps en temps, il s'arrête,
cette interruption dans le mouvement qui inquiète
le gibier pouvant le faire partir, surtout si c'est
un lièvre qui, presque toujours sans cela, se serait
laissé, sans bouger, dépasser par le chasseur. Mais
il n'est pas convenable qu'un chasseur tire un
lièvre au gîte; il doit le faire lever en frappant la
terre du talon, et le tirer au départ. — Lorsqu'on
voit de loin une compagnie de perdreaux au milieu
d'un chaume ou d'un labouré, il ne faut pas l'a-

border directement, car elle partirait hors de
portée ; on la tournera de loin ; les perdreaux
gagneront à pied un couvert où on ira à bon vent
les tirer. Quelquefois aussi un très-bon chien qui
a éventé de loin les perdreaux, tourne autour
d'eux en prenant le vent, et en les rapprochant
de plus en plus il les enveloppe ; à sa vue, les perdreaux se rassemblent et se rasent ; le chien arrivé
tout près les arrête ferme.

Le chasseur reconnaît que son chien rencontre
quand il lui voit manifester plus d'attention et
d'ardeur, remuer plus vivement la queue, etc. Il
faut qu'il le laisse faire sans lui rien dire. Si, après
avoir arrêté, il remue encore la queue, c'est preuve
que le gibier coule devant lui ; alors, il faut le
suivre sans le presser. S'il a la queue raide, c'est
que le gibier tient bien. S'il fait un faux arrêt, ce
qui vient souvent de ce qu'il a le nez trop fin, il
faut aller à lui, mais toujours en le laissant faire,
et bientôt, ayant suivi le gibier de plus près, il arrêtera ferme. En plaine, le chasseur qui a de l'expérience et qui sait observer, reconnaît toujours,
à l'attitude de son chien à l'arrêt, quel est le gibier
qu'il a devant lui : si c'est un lièvre, il porte la
tête haute, sa queue est très-raide, cependant
quelquefois un peu baissée par le bout ; il tient
aussi son corps au raccourci et presque toujours
une patte levée, comme s'il allait prendre sa course ;
si ce sont des perdreaux, sa queue est très-raide
et très-droite, le corps est plus allongé, le nez est
plus tendu ; si c'est une caille, le corps s'allonge

encore plus, la queue est droite, cependant un
peu relevée ; si c'est un râle de genêts, le chien
s'allonge encore plus que pour la caille, et, de
temps en temps, il remue la queue à droite et à
gauche, parce que le râle coule ; souvent aussi il
avance et puis il s'arrête, avance encore, fait de
faux arrêts, des tours, des détours.

Dès que le chasseur est sûr de l'arrêt de son
chien, il doit, en le tournant et en lui disant à
demi-voix : *tout beau !* prendre le devant et ensuite revenir sur lui pour faire lui-même partir le
gibier. Cependant, s'il croit que c'est un râle, il
doit se porter directement et sans tarder sur l'endroit où le râle se trouve probablement, parce qu'il
ne reste jamais longtemps à l'arrêt. Il faut bien se
garder, quand le chien est à l'arrêt, de le laisser
bourrer ou piller le gibier, et bien moins encore de
l'y exciter comme quelques chasseurs le font, car
c'est lui apprendre à forcer l'arrêt, ou même à se
dispenser d'arrêter, et une fois qu'il y serait habitué, on n'aurait plus à tirer. Pour rendre mon
chien ferme à l'arrêt et l'empêcher de piller, après
l'avoir tourné, je cherche à découvrir le gibier
que je tire à terre sous son nez. Quand je l'ai fait
quelques fois, il est affranchi et ne force plus l'arrêt.

J'ai donné précédemment des explications sur
les divers tirs au départ du gibier. Après le coup
de fusil, le chasseur ne doit pas aller lui-même
ramasser la pièce ; c'est le métier et le devoir de
son chien auquel, tout aussitôt après avoir tiré et
tué, il criera *cherche ! apporte !* et ensuite *donne !*

quand le chien rapportera. Il faut toujours se retirer en arrière au lieu d'avancer sur le chien, en
lui disant par son nom : *apporte!* En recevant du
chien, le chasseur ne manquera pas de le caresser
pour l'encourager. Après quelques leçons comme
celle-là, il ira chercher et rapportera sans même
qu'on ait besoin de le lui commander ; cela le for-
mera aussi à aller chercher et à rapporter le gibier
qu'on n'aurait pas vu tomber, ce qui est bien im-
portant quand on chasse dans les taillis, plantations, oseraies, etc., où souvent on perd du gibier,
parce qu'on n'a pas un chien sachant le faire
comme il faut. Le chasseur ne doit pas non plus
courir à la pièce de gibier qu'il vient de tuer ; d'a-
bord cela excite le chien à s'emporter, et puis c'est
se conduire en novice qui ne sait pas se posséder
à la vue de son premier gibier. Si c'est un lièvre,
il faut penser, avant de le mettre dans la carnassière, à le faire pisser de suite, afin que la chair ne
prenne pas un goût d'urine ; pour cela, on le
tient d'une main, tandis que de l'autre on lui
presse doucement le ventre quelques instants
après sa mort. Quand un gibier part, tiré ou non,
il est essentiel de bien remarquer l'endroit où il
est allé se remettre et de s'y rendre de suite à bon
vent, parce qu'alors il tiendra mieux. Les perdreaux, surtout au commencement de la chasse,
se reposent à deux ou trois cents pas, et les cailles
plus près encore. A la même époque, un lièvre
levé, ne sachant pas de quel côté tourner, parce
qu'il voit partout des moissonneurs dans les

champs, se rase presque toujours dans l'un des
premiers couverts qu'il traverse, et l'on peut aller
l'y relever ; mais, à une époque plus avancée de la
chasse, il courra très-loin sans se raser, et même
étant rasé, quand il s'apercevra qu'on va le rejoindre, il repartira hors de portée. Si l'on avait
fait remettre une compagnie de perdreaux, on
pourrait, avant d'aller la relever, faire passer un
instant le chien à la place même d'où elle est
partie la première fois, car, quoique les renards
se chargent de ramasser pendant la nuit les perdreaux blessés qu'ils ont suivis au sang, il ne serait
pas impossible d'y trouver un perdreau précédemment démonté qui, au rappel, aurait rejoint à pied.
Quand c'est à soleil levant ou à soleil couchant
que le chasseur aborde la remise, il doit faire en
sorte que son ombre qui se prolonge, ne passe pas
sur l'endroit où se trouve le gibier, parce que cela
l'inquiéterait et même pourrait le faire repartir
de trop loin. Quelquefois, on ne retrouve pas à la
remise le gibier qui cependant est resté blotti à
l'endroit même où il s'était posé; mais on n'a
qu'à s'éloigner, revenir au bout de quelques minutes et faire requêter aux environs; alors il n'é-
chappera plus au chien, parce que, rassuré, il a
marché. Une compagnie de perdreaux, levée pour
la deuxième fois et tirée, se séparant toujours,
les perdreaux, dispersés par la peur, se remettent
isolément aux environs, et restent blottis, l'un à
une place, l'autre à une autre. C'est le moment
attendu par le chasseur pour se donner le plus de

plaisir, car, s'il est patient et intelligent, il pourra
alors, sans avoir à faire pour cela beaucoup de
chemin, tuer les uns après les autres tous ces perdreaux ; il suffira de bien faire requêter par son
chien, sous ses yeux, toutes les remises et tous
les couverts des environs, c'est-à-dire les empouillés qui restent, les roies des champs garnies
d'herbes, les fossés, les broussailles, les haies, les
tas de pierres, etc. D'ailleurs, dans cette recherche,
presque toujours fructueuse, on pourra bien tomber sur un lièvre, la chasse aux perdreaux étant la
mort des lièvres. Une compagnie de perdreaux
étant remise dans un labouré, le chasseur n'y
entrera qu'en faisant tenir son chien tout près de
lui, parce que, sur ce terrain, le chien ayant moins
de nez, le gibier pourrait partir devant lui sans
être arrêté. Il y battra avec soin tous les endroits
où se trouvent de grosses mottes de terre, car
c'est probablement là que les perdreaux se trouvent, et peut-être aussi un lièvre au gîte, ou seulement flâtré. Si c'est au bois que la compagnie
s'est jetée, comme cela arrive aux perdrix quand
elles se sentent battues, le chasseur n'y entrera
qu'après avoir mis au cou de son chien un grelot
dont le son lui apprendra, étant au bois, de quel
côté il quête, et s'il ne se trouve pas à l'arrêt.
Lorsque le bois a été bien battu, on doit encore
en requêter les bords, les fossés, et même la plaine
environnante, parce que les perdreaux qui ont fui
à pied devant le chien ont bien pu aller s'y remettre. Tirés de nouveau, au lieu de rentrer au

bois dont ils viennent d'apprendre à se méfier,
presque toujours ils se jettent au loin dans la
plaine où il ne sera plus si facile de les rejoindre.
Cependant un chasseur zélé peut encore l'essayer,
et même parvenir à les faire retourner au bois
dans lequel il aura à recommencer sa manœuvre.
En pareil cas, c'est ce que je ne manque jamais de
faire, et je m'en trouve bien, parce qu'alors les
perdreaux, bien battus et lassés, sont devenus plus
faciles à joindre et à tirer. — Le tir des perdreaux
au bois est le même que celui des bécassines ; à
cause des branches qui ne laissent le gibier en
vue que pendant un instant, il faut ajuster vite et
tirer vite, sans mirer comme on doit le faire en
plaine. — Presque tous les chasseurs croient devoir
rappeler leurs chiens quand ils les voient courir
un lièvre ; ils disent que cette poursuite, très-
souvent inutile, est cause qu'ils s'écartent, perdent
du temps, se fatiguent, et même prennent de
mauvaises habitudes. Je ne suis pas de leur avis ;
voici pourquoi : poursuivre un lièvre, soit après
l'arrêt, soit qu'il parte de loin, soit tiré, soit même
non tiré, est chose trop naturelle de la part d'un
chien qui le voit courir comme lui, et qui en a
déjà pris ainsi, parce qu'ils étaient blessés, pour
qu'il ne soit pas toujours très-difficile de l'en empêcher, et même, presque toujours, quelque peine
qu'on se donne, on n'y réussit pas. Aussi toutes
les fois que j'ai tiré un lièvre, et qu'il fuit encore
après mon coup, je laisse faire mon chien quand
je le sais bon, en me fiant à son instinct et à son

expérience : si le lièvre est blessé, comme sa
course se trouve ralentie, il sera pris ; si, au contraire, il n'est pas blessé, mon chien, le recon-
naissant bientôt, et dès-lors jugeant la poursuite
inutile, revient de lui-même après avoir fait cent
pas ; c'est une leçon pour lui, et plus tard il ne
courra plus mal à propos. D'ailleurs, on ne chasse
pas toujours en plaine découverte ayant son chien
sous ses yeux et à sa portée, pour le rappeler si
on ne veut pas qu'il lance un lièvre ; on bat aussi
les plantations et les grands couverts au milieu
desquels le chien, jouissant nécessairement de
plus de liberté dans ses allures, je ne vois pas comment on parviendrait à l'empêcher de pousser un
lièvre levé devant lui. Que de lièvres, blessés à
mort, mais ayant encore assez de forces pour aller
au loin et même hors de vue, seraient perdus si
les chiens ne les suivaient pas ! Cependant, il faut
tenir essentiellement à ce que le chien rapporte le
lièvre pris ainsi ; c'est même un des points principaux de l'éducation que je donne à mes élèves.
Clio, citée à l'article des meilleurs chiens, m'a
plus d'une fois surpris en me rapportant au galop
un lièvre que j'avais tiré sans croire l'avoir blessé ;
mais son instinct le lui avait appris. Assez souvent
les jeunes chiens, les braques surtout, qui sont toujours plus ardents que les autres, courent les perdreaux qu'ainsi ils effarouchent et habituent à se
remettre trop loin. C'est un défaut essentiel et
sans excuses ; la première fois que le chien se le
permet, il faut marcher sur le cordeau pour lui

donner une bonne saccade en criant *tout beau!*
S'il recommence, on a recours au fouet en répétant le mot *tout beau!* Après quelques leçons
comme celle-là, et surtout l'expérience, qui lui
apprendra qu'il est inutile de poursuivre un gibier
qui vole, il sera déshabitué. Quelquefois le chien,
malgré le rappel de son maître, suit un perdreau
que celui-ci a démonté sans s'en être aperçu;
mais, quand on est sûr de sa bonté et de sa doci-
lité habituelles, il n'y a pas d'inconvénient à lui
laisser alors, et même encore dans d'autres cir-
constances, un peu de liberté; on pensera qu'il ne
désobéit que parce que son instinct lui a appris
quelque chose.

Quand la grande chaleur se fait sentir, tous les
chasseurs croient devoir suspendre leur chasse
tant qu'elle dure; ils ne la reprennent que vers le
soir. Ils en donnent pour raison que la grande
chaleur, en échauffant le nez des chiens, lui ôte
de sa finesse; ils pourraient ajouter qu'eux-mêmes
étant fatigués, ils ne sont pas fâchés de profiter de
cela pour se reposer; ils ont tort, car le moment
où ils interrompent leur chasse est précisément
celui où le gibier recélé prend son repos et par
conséquent se laisse plus facilement joindre et arrêter. D'ailleurs si, à cause de la chaleur, le chien
a moins de sentiment du gibier, par la même raison le gibier a moins de sentiment du chien, et
dès-lors l'inconvénient signalé se trouve neutra-
lisé. Aussi, quelque grande que soit la chaleur,
je continue ma chasse, sans avoir jamais remarqué

qu'elle diminue sensiblement les moyens du chien, surtout si c'est un griffon. C'est même alors, et pendant que les autres chasseurs qui sont avec moi se reposent, que je fais mes plus belles chasses.

Quand on n'est plus en chasse, on fait remettre son chien derrière soi pour l'empêcher de continuer à courir les champs, ce qui lui donnerait de mauvaises habitudes. La discipline, toujours la discipline; c'est surtout par elle qu'on fait de bons chiens d'arrêt, et qu'on les conserve.

Au mois d'octobre, le chasseur doit commencer de grand matin, sans avoir besoin d'attendre la fin de la rosée. A cette époque, et jusqu'aux grandes pluies de novembre, les compagnies quittent la plaine vers huit heures du soir pour rentrer dans les bois et grandes plantations, en se remettant d'abord aux environs; elles y passent la journée, et le soir elles retournent à pied dans la plaine.

Il est facile de reconnaître que des perdrix fréquentent un bois aux grattis qu'elles ont fait soit le long des chemins qui le traversent, soit sur les places où l'on a cuit du charbon. Souvent elles y laissent aussi des plumes. Le chasseur commencera par faire quêter la plaine aux environs du bois pour y pousser les perdrix si elles n'y sont pas encore entrées ou si elles en sont sorties. Au premier vol, si on est en octobre, au deuxième et quelquefois même au troisième seulement, si c'est plus tard, elles se jettent au bois où le chasseur va les joindre après avoir mis un grelot au cou de son chien. Mais pour cette chasse au bois, où une

grande partie des manœuvres du chien échappe à
la vue du chasseur, un jeune chien ne convient pas
du tout, car, laissé plus à lui-même, il ne manque
pas de s'emporter sur les perdrix, et on n'a plus
rien à faire de bon. Il faut un chien bien dressé,
ayant au moins deux années de service. Entré au
bois, le chien ne tarde pas à retrouver les perdrix
qu'il arrête ; reprenant leur vol, elles se reposent
à environ deux cents pas plus avant dans le bois ;
le chien les retrouve et les arrête de nouveau ; tirées, elles se séparent toujours sans s'écarter
beaucoup. Alors le chasseur qui a dû prendre le
soin de les compter quand il les a vues au vol, doit
se porter de suite aux remises, afin qu'en les em-
pêchant de se rallier, il puisse les tirer en détail.
Après cela, s'il en reste encore quelques-unes, il
n'a qu'à reprendre son chien et aller se reposer un
instant à l'endroit même où il les a fait séparer la
première fois ; quand, après dix minutes, il ne les
a pas entendues rappeler, il n'est pas moins certain qu'elles sont revenues, mais à pied et sans
rien dire, parce qu'elles ont peur. En requêtant
tout autour de lui, il les retrouvera donc les unes
après les autres, et il les tirera facilement. — Quand
les perdrix se trouvent remises dans un taillis trop
haut ou trop fourré où l'on aurait de la peine à
les chasser et à les tirer, il n'y a pas à se gêner
pour cela : le chasseur n'a qu'à les en faire sortir
pour les remettre dans une position qui lui soit
plus avantageuse. A cette chasse dans le bois, souvent le chien lance un lièvre ; en l'entendant don-

ner des voix, le chasseur doit courir à la lisière du
bois et mieux encore à l'endroit où plusieurs chemins se croisent, car le lièvre y passera. Au mois
de novembre, dès les premières pluies, les restes
des compagnies abandonnent les bois pour retourner à la plaine qu'elles habiteront pendant le surplus de l'hiver. A cette époque, devenues très-
sauvages parce qu'elles ont été souvent chassées
et tirées, elles partent toujours de fort loin, surtout dans les plaines où il n'y a pas de remises et
de fourrés. Cependant quand, à force de les battre
et tourmenter, on est parvenu à les séparer, on
peut encore tirer quelques perdrix isolées. Mais
comme ce sont ces mêmes perdrix qui doivent repeupler pour la chasse prochaine, un vrai chasseur
les ménagera autant qu'il le pourra. Aussi, dans
les terres dont mes maîtres avaient la chasse, je ne
tirais plus les perdrix dès qu'on était au mois de
décembre; j'avoue même que je voudrais que leur
chasse fût interdite dès le 1er février, comme c'é-
tait l'usage autrefois, parce que, déjà à cette
époque, quand le temps est doux, il s'est formé
des pariades dont la destruction, toujours facile,
occasionne un grand dommage, puisque c'est autant de compagnies qu'on aura de moins.

2° Des Perdrix rouges.

Les perdrix rouges sont aussi communes dans
le midi de la France que les perdrix grises le sont
dans le nord; on en trouve aussi dans le centre et

8

dans l'ouest. Je les ai souvent chassées aux environs de Moulins, et particulièrement sur la terre d'Orvalé ; voici ce que j'ai observé à leur sujet : d'un naturel plus sauvage que les grises, elles se plaisent dans les lieux élevés, secs et pierreux, dans les bruyères, genêts et ajoncs, dans les jeunes taillis en plaine et dans les clairières des grands bois ; rarement elles sont dans les chaumes et les empouilles. Leur compagnie est moins nombreuse que celle des perdrix grises ; elles courent plus vite et ne se laissent arrêter qu'étant suivies par un chien sage et bien dressé ; alors, elles tiennent bien, et le chasseur a le temps d'arriver. Au départ, leur vol est bruyant et rapide ; se remettant aussi très-loin, ces perdrix sont plus difficiles à suivre de l'œil et à retrouver ; cependant, quand elles ont été relevées deux fois, on peut ensuite assez bien les rapprocher. Il y a, avec elles, cet avantage sur les perdrix grises, c'est que, se tenant en général plus écartées les unes des autres, elles ne s'enlèvent pas toutes à la fois, ce qui permet au chasseur qui bat bien le terrain aux environs de la place du premier départ, d'en tirer plusieurs successivement. Leur tir n'est pas aussi facile que celui des perdrix grises, parce que, au lieu de filer à l'horizon, comme le font ces dernières, elles s'élèvent d'abord presque perpendiculairement ; on ne peut donc guère mirer, et c'est plutôt au premier coup d'œil qu'il faut lâcher le coup ; aussi, le chasseur qui tire bien les perdrix grises, commence-t-il ordinairement par manquer les rouges, mais il s'y

fera plus tard en observant les différences. Quand
je les avais bien battues et lassées, pour essayer
de m'échapper, elles se jetaient dans l'intérieur
des grands bois ; dès que je les y avais rejointes,
elles se séparaient et allaient, l'une d'un côté,
l'autre de l'autre, se brancher souvent très-loin ;
alors il fallait bien les abandonner, mais je pouvais
les retrouver le lendemain aux environs du premier départ.

On ne distingue le coq de la poule qu'à un ergot
derrière le pied et à un peu plus de grosseur. La
perdrix rouge de l'année a, comme la grise, l'extrémité de la première plume du fouet de l'aile
pointue, tandis qu'elle est arrondie chez la vieille.
La perdrix rouge est bien plus belle par ses cou-
leurs que la grise, et même un peu plus grosse,
mais j'ai toujours entendu ceux qui s'y connaissent,
prétendre que, comme manger, elle ne la vaut pas.

3° *Des Faisans.*

Tous les faisans qu'on chasse dans notre pays
sont nés ou ont été élevés, soit dans les parcs de
quelques grandes propriétés, soit dans les forêts
de l'Etat, d'où ils s'échappent de temps en temps
et s'égarent aux environs, à la grande satisfaction
des chasseurs qui en font la rencontre. C'est ainsi
que j'en ai tué plusieurs pendant mon séjour en
Normandie, et même encore un, il n'y a pas longtemps, dans la forêt de Montchenot, près de Reims.
On m'a cependant affirmé qu'il s'en trouvait aussi

quelques-uns à l'état sauvage dans certaines contrées du Midi; mais, d'après ce que je sais des
mœurs et habitudes des faisans, je suis assez porté
à croire que ce sont encore des individus qui,
échappés autrefois de parcs où ils ne se plaisaient
pas, se sont reproduits dans les forêts des environs, ou même qu'on a confondu et pris des coqs
de bruyères pour des faisans sauvages.

Les faisans, sous un climat doux, se plaisent particulièrement dans les bois bas, humides et garnis
de fourrés; ils s'y tiennent à terre tout le jour, et
ce n'est que de temps en temps qu'ils vont en
plaine, dans les chaumes, les prés et les terres
nouvellement ensemencées. Après le coucher du
soleil, ils se branchent sur les gaulis ou les chênes
les plus élevés pour y passer la nuit. Je reconnaissais
qu'il y avait des faisans dans un bois, aux grattis par
eux faits sur de la terre douce aux pieds des arbres,
et surtout aux plumes qu'ils y avaient laissées. Je
les chassais de la même manière que les perdrix et
aux mêmes heures. A moins qu'ils ne soient surpris, ils ne se laissent pas arrêter de près; presque
toujours, ils commencent par courir vite et longtemps devant le chien; quand, étant bien suivis et
pressés, ils s'enlèvent enfin, le bruit qu'ils font en
ce moment, et même leur étalage de queue, si ce
sont des coqs, en imposent toujours aux chasseurs
qui les voient pour la première fois; aussi sont-ils
ordinairement manqués. Cela m'est arrivé; j'ai
pris ma revanche depuis. Le faisan est lourd au
départ, mais quand, ayant atteint le dessus du

taillis, son vol est devenu horizontal, il file rapidement. J'attendais, pour le tirer, le moment où
il allait prendre ce dernier vol; alors ses ailes et
son corps offraient une grande surface au coup, et
il n'était pas plus difficile à tirer qu'un perdreau;
néanmoins, à cause de la longueur de la queue, il
fallait ajuster un peu en avant. J'étais heureux
quand je l'avais fait tomber raide mort, car, s'il
n'était que démonté, il fallait toute ma patience
de chasseur et toute la bonté de mon chien pour
le suivre et le prendre, tant il courait avec vitesse
et faisait de détours, même de ruses. Je me ser-
vais du plomb n° 4.

Pour conserver l'espèce, qui n'est jamais bien
nombreuse, il convient de ne tirer que les coqs,
un seul suffisant à féconder plusieurs poules.

§ 2. — DES BÉCASSES. — LEURS CHASSES.

Il est reçu dans le monde que la bécasse est stu-
pide; elle mérite si peu cette réputation, que je
soutiens, moi qui depuis cinquante-cinq ans la
connais dans toutes ses habitudes, qu'en chasse, il
n'y a pas d'oiseau plus défiant et même plus rusé,
le râle excepté. Il en est donc de la prétendue
stupidité de la bécasse comme de la prétendue
finesse du merle, toujours prêt à se laisser prendre
au moindre piége. Dans ma jeunesse, j'entendais
les vieux chasseurs affirmer qu'autrefois les bécasses étaient plus communes; à mon tour, j'en
rencontre moins aujourd'hui qu'à l'époque où j'ai

commencé à les chasser. La diminution progressive
de cet excellent gibier est certaine, mais, à moins
que ce ne soit le défrichement des bois qui augmente toujours, je n'en vois pas la cause, car,
aujourd'hui, on n'en tue et prend pas plus qu'autrefois.

Le passage et le repassage des bécasses se font à
des époques fixes qui, cependant, en certaines
années, avancent ou retardent plus ou moins,
selon le temps qu'il fait et les vents qui règnent ;
ce sont ceux d'est et de nord-est qui nous en
amènent le plus, surtout quand ils sont accompa-
gnés de brouillards. Arrivées vers le 1er octobre,
elles ne repartent qu'à la fin de novembre ; mais,
indépendamment de celles trop blessées pour
n'être pas en état de suivre les autres, il en reste
toujours quelques-unes qui se cantonnent pour y
passer l'hiver dans les bois où il y a des fontaines
dont les eaux ne gèlent pas ; leur nombre dépend
nécessairement de la quantité et de la longueur de
ces fontaines ; j'ai cru voir qu'il en fallait environ
cent mètres pour entretenir deux bécasses. Le
chasseur s'apercevra bien de leur présence aux
empreintes des pieds et aux fientes laissées sur les
bords. Les autres bécasses, après avoir hiverné
dans des pays plus doux, nous reviennent vers le
10 mars, mais déjà trois semaines après elles nous
quittent encore pour aller plus au nord ; cependant,
surtout quand le printemps est froid ou pluvieux,
quelques-unes nichent de bonne heure dans nos
bois, en déposant sans apprêt sur quelques feuilles

mortes, au pied d'un chêne où au milieu d'une cépée, quatre œufs qui sont beaucoup plus longs, sans doute à cause du bec, que ceux d'aucun autre oiseau. Pendant leur séjour d'automne, les bécasses se plaisent dans les taillis de seize à dix-huit ans, où elles trouvent beaucoup de vers sous les feuilles et dans le terreau, ainsi qu'aux lisières des grands taillis et des taillis de deux ans. A cette époque, tous les soirs, aux approches de la nuit, elles se rendent au vol aux endroits du bois où il y a de l'eau sans herbes, par exemple les ruisseaux, fontaines, mares, ornières et flaques des chemins, pour boire et se laver le bec et les pattes; après quoi, se remettant au vol, elles gagnent les champs et les prés où elles vérotent toute la nuit; au point du jour, elles rentrent au bois, boivent, se lavent de nouveau et retournent aux taillis; elles y restent toute la journée, soit encore occupées à se nourrir, soit même se reposant. Aux premières gelées, elles recherchent les terrains humides, et peu de jours après, elles quittent entièrement le pays. Pendant leur séjour du printemps, elles se tiennent principalement dans les taillis de dix à quinze ans; quand il fait de grands vents froids, elles vont aux endroits bas et humides; au contraire, le temps étant doux, elles préfèrent les terrains secs et les côtes exposées au midi, dans les parties les plus fourrées du bois; quand il est tombé de la neige le soir ou pendant la nuit, elles sont le lendemain matin dans les grandes clairières où il y a de l'eau de neige fondue; après huit ou

neuf heures, elles retournent à pied dans les taillis.
En temps de neige, les bécasses, plus difficiles à
approcher, tiennent peu. Au printemps, elles ne
vont pas aux bains comme en automne.

Depuis le milieu du mois de mars jusque vers
le 1er avril, les jours où le temps est doux, chaque
soir après le coucher du soleil, et chaque matin
avant son lever, toutes les bécasses d'un bois et
même aussi celles des environs, passent et repassent au vol au-dessus des taillis, soit les unes après
les autres, soit plusieurs à la fois, en croûlant et
en pipant. A ces deux moments du jour, le chasseur, masqué dans une clairière ou au milieu d'un
jeune taillis d'où il peut découvrir tout le terrain
autour de lui, mais pas sous un arbre dont les
branches le gêneraient et d'ailleurs feraient détourner les bécasses, les attend au passage et les
tire au vol ; il est ordinairement prévenu de leur
arrivée par leur cri qui s'entend de loin; mais comme
alors elles filent presque toujours très-rapidement,
et que même c'est à peine s'il reste un peu de jour,
ou s'il en fait déjà, il faut avoir une bonne vue
pour les distinguer et être prompt à ajuster, ainsi
qu'à tirer. Un chien est nécessaire pour trouver
les bécasses qu'on tue, mais qu'on ne voit pas
toujours tomber. La passée du soir dure un bon
quart-d'heure, celle du matin seulement quelques
minutes.

On rencontre plus de bécasses au printemps
qu'à l'automne, parce que, dans la première de ces
deux saisons, elles ont deux mois pour passer,

tandis que dans l'autre elles n'ont que trois semaines; mais elles sont toujours plus grasses en
automne.

La véritable chasse aux bécasses est celle qui se
fait au *cul-levé* dans les taillis, au printemps comme
à l'automne; elle est très-pénible, car il ne faut
pas craindre de traverser et de fouler les endroits
les plus fourrés de ronces et d'épines, qui sont
ceux que la bécasse habite le plus ordinairement,
et c'est à cause de cela qu'il y a si peu de chasseurs
qui la pratiquent sérieusement; je n'en connais
même qu'au-delà de Rocroi, sur la frontière de
la Belgique. Quant à moi, cette chasse me rebute
si peu, que de toutes celles au chien d'arrêt, c'est
elle que je préfère et qui m'intéresse le plus. Il
n'y a rien à faire sans un bon chien d'arrêt, sage
et bien dressé; mais dans un bois épais on ne peut
pas toujours le suivre, ni même voir ce qu'il devient; si donc il y était à l'arrêt devant une bécasse
sans qu'on s'en fût aperçu, non-seulement on per-
drait du temps avant de le trouver, mais même,
s'il n'était pas très-ferme, impatienté de ne pas
voir arriver le chasseur, et s'entendant rappeler,
il pourrait bien rompre son arrêt qui alors n'aurait
servi à rien; en outre on ne saurait pas de quel
côté la bécasse ainsi levée serait allée. On obvie à
cet inconvénient en attachant au cou du chien un
collier garni d'un grelot dont le son n'effraie pas
la bécasse, et permet au chasseur qui ne voit plus
son chien, de continuer néanmoins à le suivre de
l'oreille dans sa quête; lorsqu'il n'entend plus

8*

rien, preuve que le chien arrête, il se dirige du
côté d'où sont partis les derniers sons du grelot ;
il trouve le chien immobile, car, dans les fourrés
surtout, la bécasse se tient ferme à l'arrêt. Après
avoir à bon vent tourné le chien, le chasseur
avance sur la place où il peut croire qu'est la bécasse pour la faire partir lui-même. On comprend
qu'à cette chasse, où l'on est continuellement gêné
par les branches et les ronces, un fusil court soit
plus commode qu'un long. La bécasse au départ a
le vol lourd, et fait beaucoup de bruit avec ses
ailes ; elle offre alors une assez grande surface au
plomb, mais, dans un taillis élevé, on l'ajuste difficilement, parce qu'elle est obligée de faire des
détours et des crochets pour passer entre les
branches, et qu'ainsi elle disparaîtrait bientôt si
on ne la tirait pas au premier coup d'œil, comme
je le fais toujours, sauf, l'ayant manquée, à lui
envoyer mon second coup au moment où, après
avoir dépassé le haut du taillis, elle va commencer
à prendre un vol horizontal et rapide. Quand elle
part dans un taillis découvert ou dans une clairière,
elle n'a plus à éviter les branches, mais, par ruse,
elle fait encore des crochets, et même elle essaie
de se masquer en plongeant derrière des broussailles ; là aussi je la tire au premier coup d'œil,
sans attendre qu'elle ait terminé ses crochets.
Démontée, elle ne court pas longtemps sans que
le chien la prenne, quoique souvent alors elle
fasse des détours et même se rase. Il faut toujours
bien remarquer l'endroit où une bécasse manquée

ou non tirée s'est remise, et s'y rendre de suite ;
ordinairement ce n'est pas loin, et le chien peut
facilement l'arrêter une seconde fois ; cependant,
si elle est relevée, elle se remet déjà plus loin,
parce qu'elle commence à connaître le chasseur
et à s'en défier ; si donc le chien la retrouve encore, non-seulement elle ne se laisse pas arrêter
une troisième fois, mais elle s'éloigne tout-à-fait,
presque toujours même sans qu'on voie de quel
côté, pour se jeter soit sur la lisière du bois, soit
au bord d'un chemin, soit au fond d'un fossé, soit
dans un jeune taillis, soit même dans des ramiers
ou tas de fagots, partout enfin où elle espère
trouver un refuge contre la poursuite du chasseur
et du chien. C'est au chasseur à deviner où elle
peut être, mais ce n'est pas du tout chose facile,
et plus d'une fois ma patience y a été mise à l'é-
preuve ; néanmoins, je continue ma recherche
tant qu'il reste de l'espoir, car il y a là quelque
part une bécasse que j'ai entreprise, que je connais, que je puis et même dois retrouver en per-
sistant, tandis que, si je l'abandonnais pour essayer
d'en rencontrer une autre, peut-être n'y parvien-
drais-je pas ; quand on prend de la peine, il vaut
toujours mieux que ce soit pour le certain que
pour l'incertain. Ce n'est qu'en faisant comme cela
que j'ai dans ma vie tué tant de bécasses ; je dirai
même que l'habitude de finir par les retrouver,
m'a donné une espèce d'instinct pour deviner où
elles sont allées se remettre. Après le premier vol
de la bécasse, et même encore après le second, on

peut se rendre de suite à la remise, mais au troisième il faut lui laisser quelques minutes pour se
rassurer; autrement, elle repartirait de trop loin.
Egalement à son premier vol et même encore au
second, elle cherche, pour se remettre, une place
qui lui soit commode, par exemple où il y a des
feuilles mortes et de la terre douce sans herbes;
quand elle ne la trouve pas du côté où elle s'était
d'abord dirigée, elle fait de grands crochets et
plonge à droite et à gauche jusqu'à ce qu'elle l'ait
rencontrée. Cette manœuvre de la bécasse trompe
les chasseurs qui ne connaissent pas encore ses
allures et leur fait faire souvent des courses inutiles, parce qu'ils vont la requêter du côté où ils
l'ont vue aller d'abord, tandis qu'on ne doit le
faire qu'aux environs des places qu'on sait lui
convenir selon le temps et la saison, quand bien
même elle aurait paru se diriger ailleurs. Cependant à son troisième vol elle ne choisit plus la
place pour se remettre, parce que, en ce moment,
elle ne pense plus, se sentant menacée, qu'à sauver
sa vie. Assez souvent dans un taillis épais on ne
peut voir ce que la bécasse est devenue après le
coup de fusil; pour peu que le chasseur ait l'espoir
de l'avoir touchée, ce dont avec de l'habitude on
se rend assez bien compte, il doit de suite envoyer
son chien en lui criant : *Cherche! apporte!* du
côté où il pense qu'elle est tombée. Si le chien ne
rapportait pas, ce ne serait point une raison de
croire que la bécasse n'est pas morte, car il aurait
pu l'avoir trouvée sans avoir voulu la ramasser,

les chiens en général répugnant d'abord à rapporter
ce gibier dont même ils ne mangent jamais ; aussi
le chasseur ferait bien d'aller lui-même avec son
chien faire une nouvelle recherche. — On chasse
aussi d'une manière très-amusante les bécasses en
battue : sans faire attention au vent, on prend de
petites enceintes dans un bois qui n'est pas trop
fourré ; les rabatteurs auxquels on a recommandé
de faire du bruit, et surtout de bien fouiller les
ronces, épines, broussailles, marchent en ligne
très-près les uns des autres ; il n'est pas inutile
qu'ils aient avec eux des petits chiens qui entreront dans les fourrés les plus épais, et qui préviendront, en donnant des voix, du départ de la
bécasse. Les tireurs, placés à l'autre extrémité de
l'enceinte, auront des *remarqueurs*, c'est-à-dire
de jeunes garçons qui, montés sur des arbres,
apercevront les bécasses, s'assureront des remises,
et les indiqueront, afin qu'après la battue les tireurs
aillent les relever avec leurs chiens d'arrêt. On
gagne ainsi du temps, et même il est difficile qu'une
bécasse échappe, car, si elle n'a pas été tuée dans
une enceinte, elle sera retrouvée dans une autre.
Au mois d'octobre, à vingt-cinq pas de l'un des
endroits où l'on a reconnu aux traces des pieds,
aux fientes et aux plumes, que des bécasses ont
l'habitude de venir boire et se baigner, on dispose
un affût avec des branches entre lesquelles est
ménagé un trou tant pour faire passer le canon du
fusil que pour voir ; on doit s'y tenir en toute
attention, et bien préparé à tirer au moment

GIBIER A PLUMES.

même où la bécasse s'abat, car, très-défiante, elle
se pose, écoute avant de se baigner, et au moindre
bruit ou mouvement, elle repart à l'instant; quelquefois même elle ne fait que boire à la hâte, et
tout aussitôt après s'envole. — Quand on vient de
tuer ainsi une bécasse, il ne faut pas sortir pour
aller la ramasser, car il pourrait en arriver une
nouvelle qui, à la vue du chasseur, retournerait.
D'ailleurs ce ne serait pas la peine, le temps de
cette chasse étant extrêmement court. J'en ai ainsi
tué jusqu'à trois en un seul soir. Dans les matinées,
on peut aller surprendre les bécasses qu'on sait
hiverner; levées d'une fontaine, elles vont se reposer sur une autre, ou bien dans un fourré aux
environs; elles n'échapperont pas à un chasseur
actif. On attend aussi en octobre, soirs et matins,
les bécasses aux endroits par où elles passent pour
se rendre du bois à l'eau et à la plaine, ou pour
en revenir; ce sont ordinairement les chemins
droits, les vallons, les clairières; leur vol est alors
très-rapide et elles ne disent rien; mais, si on est
bien placé, on peut en un instant en voir et tirer
beaucoup. On me pardonnera de parler de battue
et d'affût, car les bécasses ne sont que des oiseaux
de passage. D'ailleurs, si on n'avait pas recours à
ces moyens, le produit de la chasse aux bécasses
serait bien insignifiant. Les bécasseaux nés dans
le pays, et qui sont ordinairement au nombre de
quatre que le père et la mère accompagnent, se
mettent au vol et même sont déjà assez forts pour
être tirés dès la fin de mai. En visitant dès le milieu

de ce mois, quand il fait sec depuis plusieurs jours, les mares, ruisseaux, chemins, fossés, enfin tous les endroits où la terre est douce, humide, ou boueuse, on reconnaît facilement aux traces des pieds, aux fientes et surtout aux piqûres, qu'il y a des bécasseaux dans un bois, car ils ne vont pas ailleurs aux vers, leurs becs étant alors encore trop tendres pour percer la terre comme le font les bécasses. On ne peut bien les tirer au départ que dans une clairière, un jeune taillis, ou un chemin, parce que, dans d'autres endroits, les feuilles et les branches empêcheraient de les voir assez longtemps pour les ajuster; cependant, comme ils se remettent toujours à peu de distance, on n'aurait pas de peine à les retrouver.

Au mois de juin, ils se posent le soir sur les chemins où les voitures ont fait des ornières, et ils y cherchent des vers toute la nuit; quand le temps est beau depuis plusieurs jours, on les tire à terre au moment où ils s'abattent. Au mois de juillet, ils passent et repassent, soir et matin, en croûlant et en pipant, comme les bécasses au mois de mars. Pour les tirer, on n'a qu'à se poster aux environs de l'endroit où ils se tiennent le plus habituellement. Au mois d'août, les bécasseaux passent au nord d'où ils nous reviennent tout au commencement d'octobre comme premières bécasses. Les bécasses sont à leur point pour être mangées quand le dessous de leurs pattes est desséché.

Une particularité remarquable de la bécasse, c'est qu'elle emporte ses petits sous ses pattes quand elle est tourmentée, pour les changer de cantons, qui doivent toujours être des lieux humides.

§ 3. — CHASSES AU MARAIS, SUR LES ÉTANGS ET RIVIÈRES.

CONSIDÉRATIONS GÉNÉRALES.

Quand on est d'une santé robuste, qu'on ne craint ni l'eau, ni le froid, ni la fatigue, qu'on tire bien, qu'on a un bon chien et qu'on connaît bien les localités, cette chasse offre des attraits peut-être plus qu'aucune autre, à cause de la quantité de gibier qu'on rencontre et de sa variété ; elle a encore le mérite d'être ouverte (1) à des époques où les autres chasses sont fermées ou bien ne produisent plus rien.

En entrant au marais, il faut, surtout au commencement de la chasse, tenir son chien sous sa main et même, si l'on craint qu'il s'emporte et courre le gibier, lui mettre au cou un long cordeau traînant qui servira à l'arrêter et à le corriger. Quand un jeune chien a été dressé au collier de force, la chasse au marais pendant le mois d'août le préparera très-bien pour celle en plaine du mois

(1) Dans le département des Ardennes, la chasse au marais, sur les étangs et les rivières, s'ouvre le 1er août, et elle n'est fermée que le 15 avril ; par conséquent, elle dure huit mois et demi.

de septembre. Après avoir pris l'avantage du vent,
excepté pour les bécassines, on avance sans se
presser, mais aussi sans rien négliger du terrain,
on fouille tout ce qui peut recéler du gibier, on observe avec attention les remises, on s'y rend, on
retourne même aux endroits où on était déjà passé
et on y trouve du gibier échappé aux premières
recherches ou revenu depuis sans qu'on l'ait vu ;
ainsi la chasse dure autant qu'on le veut.

Au marais, surtout quand il fait chaud, le nez des
chiens perd souvent de sa finesse par l'effet des
miasmes échappés de la boue ; dès qu'on s'en aperçoit, il faut faire sortir le chien du marais et ne le
remettre en chasse que séché et reposé. J'ai expliqué à l'article des principes généraux de la
chasse, comment il faut ajuster sur l'eau et pourquoi il convient de se servir, pour tirer les oiseaux
d'eau, d'un plomb plus fort que celui de la plaine.

Les griffons et les épagneuls sont les seuls
chiens vraiment propres à la chasse au marais, car
les braques et surtout les chiens anglais craignent
trop l'eau et le froid pour y faire un bon service,
et même ils y gagnent bientôt des rhumatismes.

Pour se préserver du désagrément d'avoir les
pieds humides, certains chasseurs se servent de
bottes-pantalon en étoffe de caoutchouc ; mais cela
s'use trop vite, et je préfère de beaucoup les
grandes bottes en cuir brun, légères, souples, et
cependant très-solides, des chasseurs des marais
de la Picardie, qui s'attachent à une ceinture autour des reins. J'ai tout simplement des bottes en

bon cuir de vache qui remontent jusqu'à l'enfourchement, et qui ne prennent pas l'eau parce que
j'en ai soin. Pour les empêcher de durcir et pour
les conserver, la veille du jour où je dois en faire
usage, je les graisse, principalement aux coutures,
avec du beurre frais, et, en même temps, près d'un
feu clair, je les manie bien pour imprégner le cuir
et l'adoucir. Le lendemain de la chasse, quand elles
sont séchées, je recommence l'opération. J'ai
éprouvé que les graisses composées font trop vite
durcir et même fendre le cuir.

1° *Des canards, sarcelles, morelles et
poules d'eau.*

CHASSES A LA FIN DE L'ÉTÉ ET AU COMMENCEMENT DE
L'HIVER. — CHASSES EN HIVER ET AU PRINTEMPS.

La famille des canards sauvages est composée
d'un grand nombre d'espèces dont quelques-unes
seulement sont connues en France, mais sous des
noms qui diffèrent dans chaque province; voici
celles qu'on rencontre le plus habituellement : le
canard proprement dit, le siffleur, le garot, le rouge,
le morillon, le pilet, etc. Ils sont tous très-défiants
et même rusés, par conséquent difficiles à chasser.
Leur passage se fait à l'automne et au printemps,
mais il reste toujours quelques canards qui, appariés dès le 15 mars, établissent quinze jours ou
trois semaines après leurs nids à terre, soit près
des mares, rivières ou étangs entourés de bois,

soit dans des bruyères ou taillis, d'où les canes
conduisent leurs petits sur l'eau par les coulants
ou les fossés les plus proches ; quelquefois aussi
elles font leurs nids sur de grosses têtes de saules
ou même sur de grands arbres, dans de vieux
nids de buses ou d'écureuils ; aussitôt les petits
éclos, elles les prennent sous l'aile et les transpor-
tent avec le bec les uns après les autres sur les rivières, mares ou étangs des environs, où elles les
élèvent au milieu des roseaux. Tous les mâles qui,
pendant que les canes couvaient, s'étaient réunis
en une seule bande, vont alors les retrouver.
Quand les canes craignent pour la sûreté de leurs
halbrans en voyant les lieux où ils sont trop fréquentés, elles les quittent pendant le jour et ne
reviennent à eux que pendant la nuit. Il y a un
moyen aussi simple que sûr de savoir s'il y a des
halbrans sur un étang, et même combien de compagnies : on s'y rend avant le jour ; dès qu'il commence à paraître, on entend de divers côtés les
canes rappeler leurs halbrans pour les rallier et
les faire rentrer dans les roseaux. Les halbrans
sont déjà aux deux tiers de leur grosseur que
les plumes manquent encore à leurs ailes ; ils ne
peuvent commencer à s'en servir que vers le 20
juillet au plus tôt, et c'est seulement alors qu'ils
sont bons à tirer. En faisant de grand matin le tour
de la mare ou de l'étang ou en longeant la rivière,
on les surprend barbotant sur les bords, principalement aux places où il y a des joncs et des roseaux qui les masquent un peu ; s'ils n'ont pas en-

core vu le feu, ce n'est que quand le chasseur est
arrivé tout près d'eux qu'ils s'enlèvent, la cane
donnant le signal et partant la première ; quand ils
ne sont pas encore capables de voler, ils plongent,
filent entre deux eaux et vont se cacher de tous les
côtés, dans les herbes ou les roseaux. Mais c'est
toujours la cane qu'il faut tirer d'abord, parce que
les halbrans, privés de leur guide, se laisseront
plus facilement aborder, et même, après le premier coup de fusil, se sépareront et se raseront
comme des perdreaux ; ils abandonneront aussi
plus tard l'étang ou la mare.

C'est ordinairement du 1ᵉʳ au 15 août qu'ils s'es-
saient au vol en faisant des tournées de plus en
plus grandes autour de la mare ou de l'étang ;
après le 15, se sentant forts de leurs ailes, ils se
rendent chaque soir, un peu avant le coucher du
soleil, aux marais et sur les rivières où ils passent
la nuit, et le lendemain ils retournent à la mare ou
à l'étang ; quelques jours plus tard, entraînés par
les vieux canards, ils l'abandonnent tout-à-fait
pour aller habiter les grands étangs jusqu'au départ général ; alors, ils sont de vrais canards.

Pendant le jour, les canards se tiennent cachés
dans les joncs et les roseaux, les oseraies le long
des rivières, etc.; une demi-heure avant le coucher
du soleil, ils ont l'habitude de s'envoler, soit pour
aller chercher ailleurs la nourriture qui leur convient, soit pour voyager, s'ils sont de passage. En
s'élevant de l'eau, ils font beaucoup de bruit.
Quand ils sont en bande, comme il y en a toujours

plusieurs qui observent et qui préviennent les autres, ils partent presque toujours de trop loin pour qu'on puisse les tirer ; mais il faut se défier, parce que, même alors, il y en a souvent un ou deux qui sont restés et qu'on peut approcher. Un seul canard est bien plus facile, surtout quand il se croit masqué.

La bonne portée pour tirer un canard, c'est de trente à trente-cinq pas. S'il est sur l'eau, il faut l'ajuster un peu au-dessous de la partie du corps qui surnage ; mais, dans cette position, le plomb ne produit pas toujours son effet quand il frappe tant les grosses plumes de l'aile que les parties les mieux garnies de duvet ; on a, il est vrai, la ressource de lâcher le second coup au moment où le canard s'élève de l'eau ; si le canard est au vol, il faut, sans attendre qu'il suive la ligne horizontale, le tirer en haussant un peu le coup au moment où, continuant à battre des ailes pour monter, il découvre les parties de son corps les moins protégées par les plumes et le duvet ; s'il passe en travers, il faut le tirer à la tête pour le frapper au corps ; si, ne pouvant plus voler, il plonge, il faut s'apprêter à le tirer dès qu'il sort de l'eau un instant pour respirer.

C'est du 1er août au 15 qu'on chasse les halbrans des canards et aussi ceux des sarcelles, tant sur les mares et étangs que le long des rivières et dans les marais où ils ont été élevés. Arrivé le matin, si c'est au marais, on s'occupe d'abord des bécassines et des râles, parce que les coups de fusil, loin de faire partir les halbrans, qui ne connaissent pas encore la chasse, les feront tenir, et ainsi on les aura mieux après.

La chasse des bécassines étant terminée, on entre par le milieu dans chacune des mares avec son chien; s'il s'y trouve des halbrans, ordinairement au lieu de s'envoler, ils filent à droite et à gauche en se dérobant si bien que presque jamais on ne les aperçoit, et quand il n'y a presque plus d'eau ils se rasent sur les bords au milieu des herbes; sorti de la mare, on en bat bien le tour, et les halbrans, forcés de s'élever les uns après les autres, sont très-faciles à tirer. Ceux qui n'ont pas été tués se remettant tout près, on va les relever. On agit de même si les halbrans se tiennent sur une mare dans les bois.

Quand on doit les chasser sur un étang, on commence par se faire conduire en barque depuis la chaussée jusqu'à la queue, et ensuite on fait le tour de l'étang avec le moins de bruit possible, et en observant le plus grand silence, afin de les surprendre. De cette manière, ils se laissent souvent approcher d'assez près. Quand ils ne s'élèvent pas devant la barque, ils s'éloignent en nageant, et vont se remettre sur les deux bords. Ceux qui ont pris leur vol, après avoir fait quelques tours aux environs, reviennent presque toujours s'abattre sur la partie de l'étang opposée à celle où la barque se trouve; après leur avoir laissé un moment pour se rassurer, on peut aller les y relever. Les sarcelles ne manquent jamais de revenir ainsi, même

plusieurs fois de suite, quoique tirées. Descendu
de la barque, on doit battre à pied avec son chien
d'arrêt tout le tour de l'étang, sans hésiter à mettre
le pied à l'eau, car les halbrans qui ont fui devant
la barque, et quelquefois même les vieux canards,
sont remis ou rasés au milieu des roseaux et des
herbes à des endroits où il n'y a qu'environ un
pied d'eau; on les fera partir à ses pieds. J'ai
éprouvé que cette manière de chasser un étang
en deux fois était la meilleure; mais, quand il y a
un certain nombre de chasseurs qu'il faut occuper
tous, l'opération doit être faite en une seule fois :
on place deux chasseurs, trois au plus, sur la
barque qui part la première; les autres suivent à
pied les deux bords de l'étang; les chasseurs en
barque et les chasseurs à pied font lever les canards tant du milieu de l'étang que des bords, et
ils se les envoient mutuellement à tirer. C'est le moment où les imprudences sont le plus à redouter.
Il y a des chasseurs qui se disputent la barque,
parce qu'ils espèrent y être plus heureux que les
autres; ils sont dans l'erreur, car c'est sur les
bords qu'il y a plus d'occasions de tirer. Souvent
à la chasse aux canards on démonte, ce qui est
un grand désagrément pour un chasseur, parce
qu'on perd du temps, qu'on se donne beaucoup
de peine, et que néanmoins on n'a pas toujours
son gibier; je l'évite en me servant pour les halbrans du plomb numéro 6 à mon premier coup,
et de celui numéro 5 à mon second; avec cela

je tue toujours net quand j'ai bien ajusté et que je me trouve à bonne portée.

Le canard démonté s'écarte en nageant, plonge devant le chien, coule entre deux eaux, recommence plusieurs fois, et finit par se raser au milieu des roseaux sans qu'on puisse toujours l'avoir. Le meilleur moyen, c'est de le poursuivre avec la barque, dans laquelle on prend son chien, pour l'achever au moment où, après avoir plongé, il reparaît sur l'eau. Le canard démonté qui a échappé au chasseur abandonne presque toujours pendant la nuit l'étang et même la rivière où il a été blessé, pour essayer d'en gagner à pied un autre; il n'est pas sauvé pour cela, car les renards rôdant chaque nuit autour des étangs et le long des rivières, si l'un d'eux l'a senti aux gouttes de sang qu'il laisse tomber de distance en distance sur sa route, il le suit à la trace et le gueule. Celui qui reste sur l'étang ou la rivière ne peut pas longtemps se maintenir à l'eau, soit parce que son sang lui fait mal, soit parce qu'il veut l'arrêter et le faire sécher; aussitôt qu'on l'a laissé tranquille, il va se remettre à terre le long de la rive; c'est pourquoi, quand on sait avoir démonté un canard, il est bon, le lendemain de grand matin, de faire avec son chien le tour de l'étang, ou de suivre la rivière; s'il y en a un, le chien le trouvera de suite, l'arrêtera et même le saisira, car presque toujours il est alors très-affaibli. Le canard blessé gravement, mais qui peut encore s'enlever en portant le coup, s'écarte de sa bande et va se jeter dans un bois ou

un couvert quelconque, où il mourra misérable-
ment, à moins qu'un renard ne l'ait surpris. Après
le 15 août, on trouve toujours les halbrans pendant le jour sur les étangs et les mares des bois,
et le soir sur les rivières ou dans les marais, mais
ils sont déjà plus difficiles à joindre. On continue
à les y chasser avec plus ou moins de succès, et
en outre on peut les affûter le soir à la chute. On
voit aux coulées formées par leur passage habituel,
et aux plumes laissées, quelles sont les parties du
marais qu'ils fréquentent. Au commencement de
novembre, les grandes pluies étant revenues, les
canards ne se tiennent plus guère qu'au milieu
des grandes eaux où ils ne se laissent plus approcher. Cependant on peut encore les tirer de loin
avec une canardière chargée à double ou triple
coup de poudre, selon la force de l'arme, et à
plomb double zéro. Si le coup bien ajusté porte
sur une forte bande, on peut abattre jusqu'à sept
ou huit canards, sans compter les démontés qu'on
achève avec le fusil ordinaire en les poursuivant
en barque. Quand la gelée prend, et encore au
moment du dégel, les canards sont en mouvement
et circulent plus qu'en tout autre temps; alors on
les affûte de tous les côtés. La gelée leur fait
abandonner les marais et les étangs pour les rivières et les ruisseaux dont les eaux coulent encore;
ils s'y tiennent souvent sous les cavités d'une rive
haute, ou au milieu des racines des arbres, occupés
à chercher leur nourriture, et ils n'aperçoivent le
chasseur que quand il est sur eux. A toutes les

9

heures du jour, mais préférablement de grand
matin, on peut surprendre les canards sur les
rivières, en suivant les bords à une certaine distance, tenant son chien de tout près et même derrière; le chasseur fera en sorte que son ombre,
s'il fait du soleil, ne s'étende pas sur l'eau, parce
que les canards qui la verraient partiraient à l'instant comme si c'était lui-même. Quand c'est de
loin qu'on aperçoit une bande de canards sur la
rivière, on remarque un arbre ou un objet quelconque placé dans leur voisinage, et après un long
détour on se rend sur eux directement.

J'avais un chien d'arrêt, demi-griffon, nommé
Brillant, qui entendait très-bien cette manière de
chasser : quand, après avoir pris le bon vent, je
longeais à la distance de cinquante pas les bords
d'une rivière que je savais fréquentée par des canards, il se tenait de lui-même derrière moi; de
temps en temps je me retournais pour voir s'il
avait quelque chose à me dire, et lorsqu'il était à
l'arrêt, j'étais certain qu'il y avait vis-à-vis de lui
des canards; en conséquence, j'avançais vers la
rive et je tirais. Pour les canards en hiver, mon
fusil était chargé de plomb numéro 5 le premier
coup, et de numéro 4 le second. Quand les ruisseaux et les rivières sont aussi gelés, les canards,
n'ayant plus de ressources que dans les fontaines dont les eaux plus chaudes que les autres
continuent à couler, et où ils trouvent encore
quelques herbes pour se nourrir, s'y abattent le
soir et même aussi pendant tout le jour, en bandes

d'autant plus nombreuses que la gelée est plus
forte. Mais la gelée continuant, sans cesse pour-
suivis et affûtés le long de ces fontaines, ils sont
bien forcés de les déserter pendant le jour pour
se répandre dans la plaine aux environs, principalement sur les champs ensemencés en blé, les
bruyères et même les taillis; mais, devenus de
plus en plus défiants, ils ne se laissent plus approcher; cependant la nuit ils retournent aux fontaines. A la fin d'une longue gelée, les canards
sont toujours très-maigres à cause des privations
qu'ils ont souffertes. Enfin, se voyant de plus en
plus tourmentés, et leurs moyens de nourriture
diminuant tous les jours, ils prennent le parti de
quitter le pays pour essayer d'en rencontrer un
autre qui leur offre plus de tranquillité et de ressources.

A l'automne, les nombreuses bandes de siffleurs,
garrots, rouges, etc., passent sans s'arrêter; mais,
de retour à la fin de l'hiver, elles descendent sur
les rivières et les étangs où elles passent quelques
jours, sans cependant se laisser aborder d'assez
près pour qu'on puisse souvent les tirer avec le
fusil ordinaire; il faut avoir recours à la canardière. Il repasse aussi à cette époque une grande
quantité de canards.

Le premier passage est réglé par les premières
gelées de décembre. Les canards quittent les
étangs et viennent se rassembler sur le gazon dans
les grandes prairies par cent mille. Ils y restent
stationnaires deux ou trois jours, puis ils partent

en deux fois après le soleil couché, et en si grande
quantité que chaque coup d'aîle de l'ensemble de
la troupe ressemble à un coup de canon. Les canards se dirigent ainsi, par exemple, des prairies
de Mouzay sur la Champagne, et l'on n'en voit
plus ensuite que quelques-uns isolés dans le département de la Meuse et ses environs, tout le
gros reste en Champagne, le jour sur la terre qui
n'y est pas couverte de neige, et le soir sur les
rivières qui n'y gèlent pas. Survient-il un faux
dégel, quelques canards se détachent des terres
ou prairies de la Champagne et se jettent à l'eau,
où ils restent jusqu'à la fin de février. Au grand
dégel, arrive le second passage : tous les canards
reviennent de la Champagne dans les prairies et
étangs des Ardennes et de la Meuse. Du 15 février
à la plaine lune de mars, les canards fréquentent
les rivières, les noues et surtout les débordements ;
c'est le moment de les tirer avec le plus de chance
de succès. Pendant la nouvelle lune de mars, ils
vont aux bois et dans les mares où on les tire
facilement à l'affût. Du 15 avril à la fin du même
mois, ils remontent vers le nord pour y faire leurs
nids.

Vers le 10 mars, quand il y a lune, les canards
donnent le soir aux mares des clairs-chênes ou
des jeunes taillis d'un an. Quand on s'en est aperçu
aux plumes laissées, on peut aller les y affûter.
Vers le 15 de ce mois, ils se posent le matin
pour y passer la journée dans les mares des bois,
jeunes ou vieux, où l'on peut encore aller les sur-

prendre; cependant ce serait dommage, car c'est
à ce moment qu'ils commencent à s'apparier, et
ce sont précisément ceux-là qui doivent nicher
dans le pays; ils se remettent aussi dans les roseaux ou oseraies le long des rivières, parce qu'ils
cherchent alors plus que jamais à se masquer. On
peut les y chasser en tenant son chien comme j'ai
expliqué ci-dessus.

De 1810 à 1818, j'ai chassé, je ne pourrais jamais
dire combien de fois, sur l'étang de Bairon, près
du Chesne (Ardennes), d'une étendue d'environ
cent hectares, et très-peuplé alors, comme il l'est
même encore aujourd'hui, en gibier d'eau. Je
n'exagère pas en déclarant que, dans ces huit
années, j'y ai bien tué cinq cents canards. Voici
comment je m'y prenais le plus habituellement :
avant le point du jour, j'étais sur une barque à
l'endroit que je savais être le plus fréquenté par
les canards; j'engageais les trois quarts de cette
barque dans de grands roseaux qu'ensuite je ren-
versais pour la masquer, et je me tenais à l'autre
bout, caché derrière quatre claies mobiles confec-
tionnées en roseaux et ajustées tant aux deux
côtés que devant et derrière moi; cela me faisait
un bon affût. Dès que le jour commençait, un
grand nombre de canards arrivaient en nageant
près de moi; j'attendais le moment où plusieurs
se croisaient, et, par des ouvertures ménagées
dans les claies, je les tirais posés de mon premier
coup, et au vol du second. A mesure que le jour
avançait, et jusqu'à huit heures du matin, il venait

de temps en temps des marais des environs, des bandes qui passaient au-dessus de moi sans défiance, et que je tirais bien facilement. Quand je voyais qu'il n'y avait plus rien à faire, j'allais ramasser mes morts, et c'était jusqu'à dix à la fois.

On distingue les canards de l'année des vieux à la membrane de la patte qui, chez les jeunes, est d'un rouge plus vif, et plus douce au toucher, mais surtout quand on arrache une des grosses plumes du fouet de l'aile : si c'est un jeune, elle sera molle et sanguinolente à son extrémité, dure au contraire et sèche si c'est un vieux. Il y a des canards domestiques qui, par le plumage, ne diffèrent pour ainsi dire pas des sauvages ; néanmoins on reconnaît toujours ces derniers au volume qui est un peu moindre, au cou qui est plus grêle, aux ongles qui sont plus noirs, à la membrane de la patte qui est plus mince et plus lisse, parce que le canard sauvage vit sur l'eau, tandis que le canard domestique, marchant sur la terre et les pierrailles, s'endurcit la patte.

Les sarcelles, appelées aussi marcanettes, sont des oiseaux de passage au printemps et à l'automne ; cependant, il en reste toujours un certain nombre qui, après s'être appariés vers le 15 avril, nichent sur les étangs, dans les marais, le long des rivières et dans les clairières des bois, où elles se tiennent toute l'année. Leur vol est court, mais rapide ; quand elles s'élèvent de l'eau, c'est avec beaucoup de vivacité et presque sans bruit. On les trouve aux mêmes endroits que les canards et on les

chasse de même; mais, beaucoup moins défiantes
et rusées qu'eux, on peut les approcher plus faci-
ment, et elles se remettent plus tôt, souvent même
tout près du chasseur qui les a fait partir; aussi,
c'est un oiseau très-aisé à tirer. Quand, en chasse,
on voit une bande de sarcelles, on va les faire lever,
mais sans les tirer, même étant à portée, parce
qu'alors on n'en pourrait tuer qu'une, et que le
coup de fusil ferait écarter la bande ; après
quelques tours, elles se remettent aux environs;
on va les faire lever de nouveau, mais toujours
sans les tirer; alors, elles se séparent et se remettent isolément à différents endroits où l'on peut
les tirer les unes après les autres.

Les morelles, qu'on appelle ailleurs judelles ou
foulques, arrivent sur les étangs au mois d'avril ;
elles y nichent et y vivent en bandes quelquefois
très-nombreuses. Vers le milieu d'octobre, elles se
rassemblent sur les grands étangs qu'aux gelées
elles quittent pour aller passer l'hiver dans des
pays plus doux; elles ne sont bonnes à tirer qu'à
la fin d'août ; à cette époque et pendant tout le
mois de septembre, on les chasse sur les étangs
tant en barque qu'en suivant à pied les bords
dont, sans la présence de la barque, elles n'appro-
cheraient guère ; encore n'en tue-t-on pas beaucoup de cette manière, parce que, plutôt que de
prendre leur vol, chose qui leur est difficile, elles
aiment mieux s'éloigner en nageant, sauf à plonger devant la barque quand elles se sentent trop
pressées; elles peuvent même rester assez long-

temps immobiles sous les herbes, en ne laissant sortir de l'eau que le bec pour respirer.

Voici par quel moyen j'en tue le plus : ayant fait établir à la faulx des tranchées à divers endroits au milieu des roseaux d'un étang, je fais voyager une barque de manière à ce qu'elle y pousse les morelles ; des chasseurs postés en barque ou à pied aux environs, les tirent pendant qu'elles traversent les tranchées. Je vais aussi les affûter en barque aux endroits où je sais qu'elles se tiennent le plus habituellement ; en me voyant, elles ne manquent pas de plonger et de disparaître sous les herbes ; je profite de ce moment pour me cacher dans les roseaux ; au bout de quelques minutes, n'entendant et ne voyant plus rien, elles se remontent et se rassemblent ; alors, il m'est facile d'en tuer plusieurs à la fois, et même je recommence. Sur les grands étangs où les morelles sont très-nombreuses, on les chasse avec plusieurs barques, qui, partant de front de l'une des extrémités, en même temps que des tireurs longent à pied les deux bords, les poussent et acculent à l'autre extrémité ; les morelles, obligées de passer au vol au-dessus des barques pour retourner à la pleine eau, sont tirées de tous les côtés. On peut recommencer cette manœuvre dans l'autre sens. On détruit de cette manière en une seule chasse une grande quantité de morelles, mais presque toutes celles qui ont échappé désertent l'étang pendant la nuit.

Les poules d'eau sont aussi des oiseaux de pas-

sage qui se tiennent tout le jour au milieu des roseaux des étangs et des rivières, d'où il faut un bon
chien pour les faire sortir, tant elles y font de détours pour les dépister ; mais on peut les surprendre le soir et le matin le long des bords ou
lorsqu'elles se promènent sur l'eau.

2° *Bécassines et Râles d'eau.* — *Leur chasse.*

Les bécassines, quoique ressemblant beaucoup
aux bécasses par l'extérieur et même par la manière de se nourrir, puisqu'elles enfoncent aussi
leurs longs becs dans de la terre douce pour y
prendre des vers, n'en ont pas du tout les habitudes, et même on ne les rencontre jamais ensemble, les unes étant des oiseaux de marais et
les autres ne fréquentant que les bois.

Il y a deux espèces de bécassines : la grosse et
la petite; il s'en trouve cependant encore une
troisième, rare dans ce pays, appelée la bécassine
double, mais qui diffère essentiellement de la bécassine ordinaire par la taille, le cri, la couleur,
même par les habitudes et les allures, qui sont
celles du râle de genêts.

La grosse bécassine niche assez souvent dans le
pays ; elle pond quatre œufs, jamais plus, jamais
moins. La grosse et la petite bécassine se tiennent
dans les marais, aux endroits où il n'y a que peu
d'eau, sur les bords et les queues des étangs, dans
les prés marécageux, dans les oseraies le long des
rivières, dans les terrains bas et vieux labourés où
il reste de l'eau, et même dans les jeunes taillis

9*

humides. On rencontre les grosses bécassines assez souvent seules et quelquefois deux ou trois ensemble; en temps de pluie et de brouillard, elles se rassemblent en plus grand nombre; alors, elles ne tiennent pas et elles partent de loin toutes à la fois, ce qui est cause qu'on ne peut pas les tirer ou qu'on n'en tire qu'une. Les sourdes sont toujours isolées.

Les bécassines passent aux mois d'octobre et de novembre; elles reviennent dans ceux de mars et d'avril, mais il y en a toujours quelques-unes qui nichent dans nos marais; ce sont elles et leurs bécassinaux qu'on chasse au mois d'août, époque où ils vont d'un marais à un autre.

De toutes les chasses, c'est celle aux bécassines où l'on trouve le plus à tirer; aussi est-elle très-agréable quand on l'entend et la dirige bien; on la pratique également au printemps et à l'automne; dans la première de ces deux saisons, les bécassines sont plus nombreuses, mais dans l'autre elles sont plus grasses. Il faut choisir un temps bien clair, parce que, s'il était couvert, les bécassines partiraient de trop loin. Il y a des chasseurs qui prétendent le contraire; mais, en vérité, je ne sais où ils ont vu cela.

On battra les endroits où il doit y avoir des bécassines en tenant son chien de tout près, et même, s'il est jeune et ardent, on fera bien, pour le modérer, de lui mettre au cou un long cordeau trainant; on le fera entrer dans les joncs et dans les herbes; on n'avancera que lentement; on ne

craindra pas de revenir sur ses pas; après avoir
bien battu le marais, on passera, s'il fait chaud,
aux regains, où l'on retrouvera les bécassines déjà
levées. S'il fait du vent, il faut diriger sa chasse
de manière à l'avoir au dos, parce que la bécassine,
quand elle s'élève, force toujours le vent et revient
sur le chasseur, ce qui permet de la mieux tirer;
mais, s'il ne fait pas de vent, on peut diriger sa
chasse comme il convient le mieux. Le meilleur
plomb est celui numéro 8. La grosse bécassine,
en général, se laisse bien arrêter quand les cir-
constances sont favorables à la chasse; à l'arrêt,
la queue du chien fait ordinairement de légers
mouvements à droite et à gauche; on dirait qu'il
n'est pas certain; quand il avance, c'est qu'il sent
que la bécassine coule devant lui. La grosse bécassine, au départ, commence par filer droit; ensuite
elle fait deux ou trois crochets, après quoi elle file
droit de nouveau avec rapidité, et presque toujours
elle s'élève à une grande hauteur; aussi le tir de la
bécassine est difficile. Les uns prétendent qu'il ne
faut lâcher le coup qu'après son crochet; les autres
soutiennent qu'il vaut mieux le faire dès le cul-levé,
c'est-à-dire au moment où elle s'élève; ils ajoutent
que si on lui donnait le temps de faire ses crochets
et de filer, on ne la tirerait pas souvent ou bien ce
serait de trop loin. Je suis tout-à-fait de ce dernier avis : je tire donc la bécassine au premier
coup d'œil, c'est-à-dire dès que je la trouve au
bout de mon fusil, sauf, quand je l'ai manquée, à
lui envoyer mon second coup avant même qu'elle

ait commencé ses crochets. Heureusement c'est un oiseau qu'on peut tirer de plus loin qu'aucun autre, car le moindre grain de plomb qui le touche le fait tomber. Du reste, il faut être bien convaincu qu'à cette chasse l'habitude fait autant que l'adresse ; j'ai même connu des chasseurs allant souvent au marais, qui tiraient les bécassines aussi facilement que d'autres les cailles. J'ai souvent remarqué cette ruse de la grosse bécassine : à son départ, après s'être élevée à perte de vue et avoir paru vouloir s'éloigner tout-à-fait du chasseur, elle revient au bout de quelques minutes se remettre tranquillement à l'endroit même d'où il l'avait fait lever, ou du moins aux environs. La petite bécassine, appelée sourde parce que, se tenant blottie au milieu des herbes, elle semble ne pas entendre le bruit qui se fait autour d'elle, tient si bien l'arrêt, qu'elle ne part que quand le chasseur va mettre le pied sur elle ou le chien la prendre ; elle est très-facile à tirer dans son vol lent et droit ; malgré le coup de fusil, quand par hasard on l'a manquée, elle se repose à quelques pas, mais, la troisième fois qu'elle est relevée, elle va loin. Un bon moyen d'affermir son chien à l'arrêt, c'est de tirer sous son nez des sourdes vues à terre.

Au moment des fortes gelées de la fin de novembre, les bécassines, abandonnant les marais, se dirigent en grandes bandes vers des climats plus doux, mais il en reste encore quelques-unes, surtout des sourdes, qui passeront l'hiver dans les grandes herbes sur les bords des ruisseaux et des fontaines dont les eaux ne gèlent pas. Elles sont alors plus faciles à tirer qu'au marais, parce que, partant de plus près, elles se reposent toujours aux environs. En les chassant, on fait assez souvent lever un lièvre ; aussi est-il bon que l'un des coups soit chargé au plomb numéro 6.

Les râles d'eau sont de passage aux mêmes époques que les bécassines, et on les rencontre aux mêmes endroits. Leur tir est tout ce qu'il y a de plus facile, mais on a au moins autant de peine à les faire lever que les râles de genêts eux-mêmes, tant ils courent vite, font de tours et de détours, même de ruses dans les joncs et les roseaux pour échapper à la poursuite ; cependant, quand ils ont affaire à un vieux chien, il faut bien qu'ils s'élèvent. Médor, ce si bon chien dont j'ai parlé, n'était jamais dupe de leurs manœuvres ; je l'ai même vu plus d'une fois, ayant senti sur l'eau d'un étang qu'un râle venait d'y plonger, s'y jeter et aller le prendre à l'endroit où, après avoir filé entre deux eaux, il était allé se remettre. Mais quand on n'a qu'un jeune chien pas encore fait, il ne faut pas s'exposer à le gâter en lui donnant souvent à chasser les râles d'eau, qui d'ailleurs sont un assez mauvais gibier.

ARTICLE II.

DES GELINOTTES. — LEUR CHASSE.

Quoique j'aie chassé dans les forêts de sept départements, je n'ai jamais rencontré de gelinottes ailleurs que dans la partie de celui des Ardennes entre Monthermé et Carignan, et aussi sur le territoire belge, appelé l'Ardenne, qui est en face : elles n'y sont même pas communes. On m'a cependant affirmé qu'il y en avait encore dans certains autres pays de montagnes boisées, comme les Vosges et le Dauphiné.

Je n'ai jamais connu des oiseaux plus farouches que les gelinottes ; un peu plus grosses que les perdrix grises, elles n'habitent que les grandes forêts où, se tenant en compagnie de huit ou dix chacune, elles se nourrissent de fruits sauvages, graines de genêts, sapin, etc. Leur vol est difficile et bruyant au départ, mais elles courent très-vite, et elles se laissent rarement approcher, encore moins arrêter par le chien. Quand, en les surprenant, j'avais pu les tirer, elles allaient de tous les côtés se percher sur les grands chênes des environs, et tel bruit que je fisse alors pour les déterminer à repartir, cachées au plus épais du feuillage, elles ne bougeaient pas : ce n'était jamais qu'après beaucoup de peine que je pouvais en découvrir une ou deux que je tirais très-facilement. Voici comment j'en ai tué le plus : à l'automne, je m'arrêtais à l'endroit même d'où j'avais fait lever une compagnie; après un silence de dix minutes, je donnais d'un appeau imitant le cri de rappel des gelinottes; à l'instant, elles descendaient des arbres, et, sans défiance, accouraient près de moi de tous les côtés; mais si, après les avoir tirées, je voulais les appeler de nouveau, il ne m'en venait plus aucune.

ARTICLE III.

DES COQS DE BRUYÈRES. — LEUR CHASSE.

Je n'ai jamais chassé les cops de bruyère, parce qu'il ne s'en trouvait pas, à mon grand regret, dans les divers pays que j'ai parcourus; mais plusieurs chasseurs dignes de confiance m'en ont parlé comme les connaissant : il y en a de deux espèces; l'une est grande comme un dindon, l'autre est de la taille d'un coq de basse-cour. En France, on n'en trouve guère que dans les montagnes des Vosges, du Dauphiné et des Pyrénées, où ils vivent principalement de graines de sapin, de fruits sauvages, etc.

On ne peut les tirer qu'en les surprenant, tant ils sont défiants et farouches. Cependant, les jeunes se laissent quelquefois arrêter.

ARTICLE IV.

VANNEAUX ET PLUVIERS. — CHASSE AU FUSIL.

A la fin de l'hiver, les vanneaux et les pluviers nous arrivent, souvent ensemble, par bandes très-nombreuses qui se rendent au nord; dès les premiers jours d'octobre, ils repassent pour retourner au midi. Aux deux époques, ils s'abattent sur les prairies marécageuses et les terres nouvellement ensemencées pour y ramasser des vers; mais, toujours défiants, ils ne se laissent jamais aborder d'assez près pour qu'on les tire; on n'y parvient que quand par hasard on en rencontre qui sont isolés. A l'automne, on peut cependant quelquefois tirer les pluviers à terre quand, les ayant aperçus de loin, on ne s'est pas rendu sur eux directement. On peut aussi, à la fin de l'hiver, un jour de gelée ou de neige fondue, avant le lever du soleil, joindre les pluviers et les vanneaux eux-mêmes, et comme alors ils se trouvent très-rapprochés les uns des autres, il y a à faire un beau coup de fusil. Une fois le soleil levé, ils redeviennent inabordables,

C'est au filet que généralement on prend ces oiseaux, souvent même toute la bande à la fois; mais je n'ai pas à m'occuper ici de ce genre de chasse.

ARTICLE V.

L'OIE SAUVAGE. — SA CHASSE.

———

A la fin de novembre, les oies sauvages, venant du nord et se dirigeant au midi, passent en bandes plus ou moins nombreuses sur notre pays, sans s'y arrêter. Au contraire, dans leur voyage de retour, à l'époque des grands dégels de la fin de l'hiver, c'est-à-dire du 15 janvier au 15 février, elles s'abattent souvent sur les grandes prairies inondées. Si les eaux se retirent ou gèlent, la bande se rend pendant le jour sur les champs ensemencés en blé, où elle fait beaucoup de dégâts. Vers sept ou huit heures du soir, elle retourne aux prairies pour y passer la nuit sur l'eau ou même sur la glace. Toujours défiante, et se gardant avec des vedettes et des sentinelles comme une armée devant l'ennemi, la bande ne peut être abordée par le chasseur, quelques précautions qu'il prenne ; le seul moyen, c'est l'affût. Le chasseur, qui a reconnu aux fientes et aux plumes les endroits où les oies ont l'habitude de passer leur nuit, ira s'y poster vers sept heures du soir, avant leur retour des champs. Il aura des bottes en cuir imperméable montant jusqu'à l'enfourchement : il se servira de plomb numéro 1 ou du double zéro, car, à cause de leurs plumes et de leur duvet, les oies sont dures à percer. La bande, arrivée, ne se pose pas de suite : toujours défiante, elle tourne et retourne

plusieurs fois sans laisser entendre d'autre bruit
que celui des ailes en volant; à mesure qu'elle se
rassure, elle baisse son vol, et puis elle se pose;
mais le chasseur n'attendra pas qu'elle soit posée,
parce qu'alors les grosses plumes de l'aile amorti-
raient les effets du plomb; il tirera sur la bande
avec plus d'avantage, et en voyant mieux, au moment où elle passera au-dessus de lui à belle portée. Il pourra aussi aller un peu avant le point du
jour s'embusquer dans les eaux de l'inondation,
sur le passage qu'il a vu le matin que la bande
suivait en allant aux blés, parce qu'elle le repren-
dra en revenant. En ce moment, surtout s'il fait du
brouillard, elle passera bas, et elle sera moins en
défiance. Aussi, est-ce le matin que j'ai toujours
tué le plus d'oies. Dans ma jeunesse, on en voyait
un grand nombre; aujourd'hui, ce n'est presque
plus rien.

FIN DE LA CHASSE.

TROISIÈME PARTIE.

ÉCONOMIE PRATIQUE FORESTIÈRE.

CHAPITRE UNIQUE.

PRODUIT DES FORÊTS ET LEUR EXPLOITATION.

Je crois du plus grand intérêt d'examiner successivement dans le seul chapitre qui compose cette troisième partie, tous les produits utiles des propriétés boisées et leur exploitation.

ARTICLE Ier.

TAILLIS, BALIVEAUX, MODERNES, ANCIENS.

Je propose comme le plus avantageux, l'aménagement des coupes en vingt-quatre ans. Le taillis est le bois qui croît sur la partie complètement exploitée du sol forestier, pendant la révolution d'une coupe à une autre. Le baliveau a l'âge maximum du taillis, vingt-quatre ans. Il devient moderne lorsqu'il a atteint quarante-huit ans et porte alors, s'il est d'essence chêne, soixante-six centimètres de tour. Le moderne est dit ancien vingt-quatre ans plus tard, c'est-à-dire à soixante-douze ans. S'agit-il d'un chêne, il mesure à cet âge un mètre de circonférence. Parvenu aux révolutions suivantes, l'ancien augmente progressivement : ainsi, à quatre-vingt-seize ans, sa circonférence est de un mètre trente-trois centimètres ; à cent vingt ans, de un mètre soixante-six centimètres ; à cent quarante-quatre ans, de deux mètres à deux mètres trente-trois centimètres ; à cent soixante-huit ans, de deux mètres soixante-six à trois mètres ; enfin, à cent quatre-vingt-douze ans, de trois mètres trente-trois à trois mètres soixante-six centimètres.

ARTICLE II.

MARTELAGE ET RÉSERVE.

Le martelage doit se faire pendant le mois de juin ; l'écorce se détache alors plus facilement pour recevoir l'empreinte du marteau. Le premier coup du tranchant du marteau se frappe de bas en haut ; le deuxième, qui fait sauter le fragment d'écorce, se donne au contraire de haut en bas. Cette manière d'opérer empêche l'eau de séjourner sur l'empreinte et lui laisse toute facilité de couler jusqu'au sol, au lieu de s'infiltrer sous l'écorce et de pourrir l'intérieur de l'arbre. L'abandon de la haute futaie est marqué d'un coup de marteau, à un mètre trente ou un mètre cinquante centimètres au-dessus du sol ; on doit abandonner les modernes qui sont roulés et ceux dont les branches trop abondantes nuisent au taillis. Les anciens seront aussi abandonnés quand leurs branches s'étendent trop bas et empêchent la croissance du taillis. Le taillis sera coupé à vingt-quatre ans; on conservera quarante baliveaux par hectare; ils seront frappés d'un coup de marteau, à un mètre du sol, la marque au midi. Les modernes recevront deux coups, à dix ou quinze centimètres de terre, la marque au nord. Enfin, les anciens devront être frappés d'un seul coup, également au nord, à dix ou quinze centimètres.

Je choisis, pour la réserve, des chênes bien élancés et avec belle tête, qui mesurent un mètre soixante-six centimètres à deux mètres de circonférence, au nombre de quatre à cinq par hectare, et un chêne de deux mètres trente-trois à deux mètres soixante-six centimètres de tour, qu'on appelle *père*, aussi par hectare. Le chêne grossit jusqu'à trois mètres trente-trois à trois mètres soixante-six centimètres de circonférence; lorsqu'il a dépassé trois mètres de tour, il ne donne plus de produit au propriétaire et présente des cicatrices dont l'acheteur fait la réduction; il est souvent pourri-blanc au pied, ou pourri-rouge, ce qui est encore pire.

Les bois blancs, tels que bouleau, charme, tremble, cerisier, frêne, doivent être abandonnés lorsqu'ils ont atteint un mètre à un mètre trente-trois centimètres de tour; les modernes réservés de ces diverses essences d'arbres auront soixante-six centimètres de tour. Les autres bois blancs,

savoir les hêtres et les ormes, seront abandonnés
quand ils mesureront deux mètres soixante-six,
trois mètres et trois mètres trente-trois centimètres de circonférence; les hêtres et les ormes
réservés auront un mètre à un mètre trente-trois
centimètres de tour. Le bois blanc, qui ne serait
pas abandonné, suivant son essence, lorsqu'il a atteint les circonférences qui viennent d'être indi-
quées, n'a plus qu'à dépérir en vieillissant. Les
arbres abandonnés sont marqués d'un seul coup
de marteau, à deux mètres de hauteur. Tout arbre
non marqué appartient de droit à la réserve. Pour
former l'enceinte de la coupe, un homme abat
avec une serpe les branches du taillis qu'il dépose
en traînées sur le sol de dix mètres en dix mètres.
Deux marqueurs, l'un pour l'abandon, l'autre pour
la réserve, doivent suivre ces traînées.

ARTICLE III.

EXPLOITATION.

Le taillis et la haute futaie doivent être coupés
pour le 15 avril. L'année suivante, la vidange de
la coupe doit être faite pour la même époque;
le récolement se fait ensuite. Toutes les pièces de
bois abattues sur la fin d'octobre et jusqu'au 15
janvier, ont beaucoup plus de qualité, parce que
le bois est mûr et ne renferme plus de sève.
Lorsque le bois est coupé dans les derniers jours
de janvier, la sève a déjà commencé à monter. Le

bois coupé pendant la sève travaille toujours pendant les changements de température, quel que
soit le temps écoulé depuis sa mise en œuvre.
Le bois blanc est bien plus sujet à être attaqué par
les vers ; le chêne et les autres bois de menuiserie,
abattus pendant la sève, ne font pas honneur aux
ouvriers ; leurs jointures s'ouvrent, et la sève traverse jusqu'à la peinture. Le bois de chauffage et
les fagots doivent être rentrés pour le 20 juin ; le
chêne qui reste exposé à l'air, l'été et l'hiver, est
bon à brûler la deuxième année. Le bois blanc que
l'on destine à faire du charbon, doit être mis en
fauldes pour le 1er juin ; après cette époque, le
charbon est plus tendre et ne produit plus autant
de chaleur. On peut connaître l'âge de la haute futaie et du taillis par les montées de la sève, en
coupant le bois par le pied pour compter les différentes sèves avec un microscope.

Au moment de l'exploitation, le garde doit par-
courir la coupe tous les jours, afin de s'assurer si
les ouvriers coupent le taillis convenablement, et
s'ils n'abattent pas des baliveaux réservés. Il doit
aussi s'assurer s'ils ne font pas tomber les arbres
abandonnés sur la réserve de manière à l'endom-
mager. Lors de la vidange de la coupe, le garde
veillera soigneusement à ce que les voitures ne
passent pas sur les baliveaux. Quand le moment
du récolement est arrivé, si l'on ne retrouve pas
tous les arbres réservés qui portent l'empreinte
du marteau, ceux laissés en remplacement, c'est-
à-dire qui ne portent aucune marque, ne comptent

pas, et tous les arbres manquants doivent être payés, par l'acheteur de la coupe, à une assez haute valeur pour indemniser le propriétaire du préjudice qu'il éprouve.

ARTICLE IV.

PLANTS.

Il faut arracher le plant en novembre et décembre et l'employer pendant ces mêmes mois. Les peupliers seront plantés à vingt mètres l'un de l'autre ; ils auront un mètre de tour à l'âge de vingt-quatre ans. On met aussi, dans tous les bois plantés, quelques glands au nombre de trois dans le même trou ; ils ne sont enfoncés en terre que de trois à six centimètres.

ARTICLE V.

HERBES.

On ne doit aller à l'herbe dans les coupes que lorsqu'elles sont dans leur troisième année de recroissance. Les femmes permissionnaires qui coupent l'herbe autour du plant lui donnent de l'air et facilitent sa pousse. Le garde doit exercer une active surveillance et interdire la coupe de l'herbe aux personnes qui manquent de l'adresse nécessaire pour ne pas nuire aux jeunes pousses. Il convient d'enlever en novembre les herbes qui seraient abondantes dans les taillis de un à deux ans, mais en remarquant toujours si les permissionnaires ne coupent pas les jeunes plants. Ces herbes, laissées sur pied, servent de retraite aux souris, qui s'y trouvent à l'abri du renard et de la hulotte. Quand la neige est abondante, ces souris se rassemblent en grand nombre dans les touffes de charmes dont elles mangent l'écorce par le pied, ainsi qu'on s'en aperçoit au moment de la pousse. Ces charmes éprouvent un retard de deux ans dans leur croissance. Les herbes propagent avec la plus grande rapidité, pendant les grands vents du mois de mars, les incendies allumés dans les bois par imprudence ou malveillance. Quand, au contraire, elles ont été enlevées, elles donnent de l'air au taillis et facilitent sa croissance.

ARTICLE VI.

PATURAGE.

Les chevaux, au nombre de trois au plus par hectare, peuvent être conduits en pâture dans les taillis de cinq ans ; s'ils y étaient en plus grand nombre, l'herbe ne leur suffirait pas et ils se nourriraient aux dépens du taillis. Les vaches ne doivent être conduites que dans les taillis de quinze ans au moins ; leur nombre sera limité à trois et quatre au plus par hectare. Parmi elles, et surtout lorsqu'elles ont été élevées dans les bois, il s'en trouve certaines qui passent la branche sous leur

10

cou, l'ébranlent et en mangent l'extrémité, principalement pour les essences tremble, saule et
frène. Le garde doit chercher à découvrir ceux de
ces animaux qui ont cette habitude nuisible, et
leur interdire l'entrée de la forêt. Le pâturage
cesse au mois de juin pour recommencer à la fin
d'octobre et se prolonger jusqu'aux grands froids.
Les chevaux et vaches mangent alors toute l'herbe
qui a été soumise à l'action de la gelée blanche, et
même les ronces, en donnant ainsi de l'air au jeune
plant dont la croissance s'accélère pour l'époque
de la sève.

Je gardais, à l'âge de treize ans, les vaches dans
les bois, en me rendant deux fois dans un canton
et deux fois dans un autre, et, comme j'avais trois
endroits de rechange, l'herbe avait le temps de
repousser et mes bestiaux ne broutaient pas les
jeunes taillis. Lorsqu'une vache, soit des miennes,
soit de celles de mes camarades, mettait les
branches sous son cou pour en manger le bout, je
le disais à mon père, garde du triage, et aussitôt
il interdisait à l'animal l'entrée du bois.

ARTICLE VII.

ÉLAGAGE.

Le taillis n'a pas besoin d'être élagué; quand le
pâturage s'y exerce et lors de l'exploitation, les
branchettes doivent payer la main-d'œuvre du
bûcheron. Dans ceux, au contraire, où il n'a pas

lieu, il faut élaguer à l'âge de quinze à seize ans de recroissance. Cette opération consiste à couper tous les petits brins qui, dans les touffes, prennent la nourriture du maître-brin, mais la branchette, au moment de l'exploitation, ne procurera plus le salaire du bûcheron comme dans les taillis pâturés.

ARTICLE VIII.

BOIS DE BOURDAINE.

Ce bois ne grossit plus après quinze à seize ans, et il dépérit complètement à l'âge de vingt à vingt-deux ans. Il ne rapporte donc rien au propriétaire qui, moyennant indemnité, doit permettre qu'il soit coupé dans les taillis de quinze à seize ans, pour contribuer à l'élagage et donner ainsi de la force aux bois qui l'entourent. Ce bois ne sert que pour les charbons à poudre.

ARTICLE IX.

GIBIER NUISIBLE DANS LES FORÊTS.

1º Le sanglier. — Pendant les années où les sangliers ne trouvent ni glands ni faînes dans les forêts, ils mangent les racines et les pousses des chênes de l'âge de deux à trois ans.

2º Le chevreuil. — Dans les jeunes coupes de trois à quatre ans, le chevreuil mange, au mois de mai, les écorces des saules, frênes et aulnes, pour y trouver la sève qui l'enivre.

3° Le cerf. — Il coupe, jusqu'au rez de terre, les jeunes taillis de deux à trois ans et les arbres fruitiers.

4° Le pic-bois et l'étourneau. — Ces oiseaux pratiquent dans les trembles, afin d'y déposer leurs œufs, des excavations où l'eau séjourne et engendre la pourriture de l'arbre.

FIN.

TABLE DES MATIÈRES.

PREMIÈRE PARTIE.

DEUXIÈME PARTIE.

Théorie et pratique des chasses diverses, habitudes du gibier, ses ruses, etc.

Chapitre Ier. — *Des agents de la chasse.*

Chapitre II. — *Chasses diverses.*

TROISIÈME PARTIE.

Économie pratique forestière.

Chapitre unique. — *Produit des forêts et leur exploitation.*

FIN DE LA TABLE.

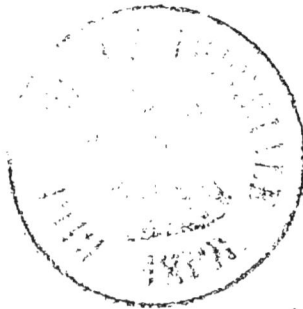

TES LES ÉPOQUES, A MM. LES

LES CONTRÉES;

e

le Polytechnique.

Mézières — Typ. LELAURIN, rue Bayard.

www.ingramcontent.com/pod-product-compliance
Lightning Source LLC
Chambersburg PA
CBHW071656200326
41519CB00012BA/2526